乡村振兴人才培训用书

蔬菜园艺与承德实践

SHUCAI YUANYI YU CHENGDE SHIJIAN

王玉宏　李　兵
刘斯超　王梦奇　主编

中国农业大学出版社
China Agricultural University Press
·北京·

内容简介

承德市位于河北省东北部，境内地形复杂，山脉纵横，河流交错，具有四季分明、雨热同期、昼夜温差大的特点。作为北方农业产业大市，承德已成为我国北方重要的蔬菜生产供应基地。蔬菜与不断开发的园艺技术正在描绘着承德发展道路上意义非凡的一页。本书主要内容包括蔬菜与蔬菜起源、中国蔬菜园艺概略、近现代承德蔬菜产业发展、承德特色现代蔬菜技术成果、承德蔬菜产业现状与未来发展。本书可供承德市乡村振兴人才培训使用，还可作为园艺爱好者的参考用书。

图书在版编目(CIP)数据

蔬菜园艺与承德实践/王玉宏等主编. --北京：中国农业大学出版社，2023.6
ISBN 978-7-5655-2990-0

Ⅰ.①蔬…　Ⅱ.①王…　Ⅲ.①蔬菜园艺-承德　Ⅳ.①S63

中国国家版本馆 CIP 数据核字(2023)第 099457 号

书　　名　蔬菜园艺与承德实践
作　　者　王玉宏　李　兵　刘斯超　王梦奇　主编

策划编辑　张　玉　　**责任编辑**　张　玉　程书萍
封面设计　李尘工作室
出版发行　中国农业大学出版社
社　　址　北京市海淀区圆明园西路 2 号　　**邮政编码**　100193
电　　话　发行部 010-62733489，1190　　读者服务部 010-62732336
　　　　　编辑部 010-62732617，2618　　出　版　部 010-62733440
网　　址　http://www.caupress.cn　　**E-mail** cbsszs@cau.edu.cn
经　　销　新华书店
印　　刷　运河(唐山)印务有限公司
版　　次　2023 年 7 月第 1 版　　2023 年 7 月第 1 次印刷
规　　格　170 mm×240 mm　　16 开本　　14.5 印张　　175 千字
定　　价　43.00 元

编 委 会

顾　问	李天来	沈阳农业大学/中国工程院	教授/院士
主　编	王玉宏	承德市蔬菜技术推广站	推广研究员
	李　兵	承德市蔬菜技术推广站	推广研究员
	刘斯超	承德市蔬菜技术推广站	中级农艺师
	王梦奇	承德应用技术职业学院	中级经济师
副主编	董　岩	承德市农林科学院	推广研究员
	卞　颖	承德市蔬菜技术推广站	高级农艺师
	唐丽丽	承德市蔬菜技术推广站	高级农艺师
	郑鹏婧	承德市蔬菜技术推广站	中级农艺师
	姜　涛	兴隆县委统战部	
参　编	孙景明	平泉市农业农村局	高级农艺师
	李云峰	隆化县农业农村局	高级农艺师
	姜红玉	围场满族蒙古族自治县农业农村局	高级农艺师
	孙奎仓	丰宁满族自治县农业农村局	高级农艺师
	王思维	滦平县农业农村局	高级农艺师
	郑海发	承德县农业农村局	高级农艺师
	张国明	兴隆县农业农村局	推广研究员
	寇春会	宽城县农业农村局	推广研究员
	刘　博	承德市蔬菜技术推广站	推广研究员
	郭晓雨	承德市农林科学院	助理研究员

序　言

蔬菜是生命产业之一，是不可忽视、不可替代和不可或缺的。承德地处华夏北疆，是中原农耕文明与北方游牧文明的交汇地、“五菜为充”朴素哲学思想的诞生地。祖辈先民狩猎为业，拓荒觅食于山野中，采集野生菜系资源加以改良培育，形成补充、丰富食物链的关键要素，为人类增强体魄、抵抗疾病困扰做出重大贡献。从那时起，经过不断演进，五谷杂粮与蔬菜生产技术相互渗透，蔬菜与园艺互动融合，不断为北方农耕文明内涵与外延的丰富拓展注入新的元素，从而形成中国北方地域文化璀璨多彩的鲜明特征，筑就了农耕文明的辉煌，谱写了不朽篇章。

农业乃“国之大者”，强国必须强农。当历史的脚步迈入21世纪，承德蔬菜产业也走进蓬勃发展的春天。追寻着先人的足迹，中国工程院李天来院士和他所带领的专家团队，以承德蔬菜发展起源作为探究历史的原点，与承德蔬菜技术推广站有效整合科技资源，构建坚强组织体系，为承德市蔬菜产业高质量、规模化、标准化、集约化发展，为现代农业科技助力乡村振兴战略落地推进，注入强大动力。历史是最好的教科书，经验是最宝贵的财富。从历史中获得启迪，寻求智慧，从而增强继续前行的信心和力量。新中国成立后，经过改革开放四十余年的快速发展，农业农村基本经营制度发生了深刻变革，农业农村产业结构得到了科学整合。目前，承德已形成温室蔬菜为引领、露地蔬菜为补充、总面积近百万亩、总产量达300万吨的蔬菜产业规模。随着“绿色潜能”持续释放，发展后劲不断增强，承德成为面向京津重点市场、辐射全国大中城市的重要蔬菜生产供给基地；承德蔬菜产业成为推进承德市委、市政府“生态强市，魅力承德”战略的重要支柱产业之一，成为巩固脱贫攻坚成果、持续提升广大农民群众幸福指数的重要载体。

站在新的起点，补短板、壮优势、促发展仍是承德蔬菜产业工作的重点。纵观美好未来，承德蔬菜产业背靠坝上高原百万亩森林屏障，坐拥辽阔的黑土地优质资源，独占水土丰腴的天然禀赋，仰赖四季分明、昼夜温差大的气候条件以及纵西东、贯南北、达深港、连接“一带一路”的诸多优势，必将为现代农业高质量发展擎起一片绿色天空。

只有充分了解历史，在深邃的历史经验中汲取前行的智慧，才能更好地强壮自身。承德农业战线的广大科研人员坚定历史自信，增强历史主动，长期深入基层，在不断探索与实践中积累了丰富的第一手资料，同时结合大量历史文献，以中国北方蔬菜演化为背景，梳理了承德蔬菜的发展历程与阶段性成就，撰写了《蔬菜园艺与承德实践》一书。这是承德农业战线广大科研人员心智与汗水浇灌的花朵，也是践行产业报国的初心与担当，更可为山区农民补科技之“钙”、增造血之“本”，是对习近平总书记来承德考察时殷切嘱托的全面落实。《蔬菜园艺与承德实践》一书的鲜活亮点在于编者沿着中国北方蔬菜发展的历史脉络，讲述了古代农耕文明的发展史，再现了历史与现代的一脉传承，印证了理论与实践的有机统一。

奋楫扬帆踏浪行，迎风出航赴新梦。在全面贯彻党的二十大精神的开局之年，广大农业科研人员激情涌动，踔厉前行，直面百年未有之变局，矢志不渝跟党走，携手奋进新时代，努力践行“两山理论”，大力弘扬塞罕坝精神，凝神聚力、聚焦用力、持续发力，决心用智慧与行动，为乡村振兴插上科技的翅膀，使蔬菜产业成为承德经济加速实现恢复性增长的“关键推动力”。

值此《蔬菜园艺与承德实践》一书出版之际，对在本书策划、撰写、审定过程中给予倾情相助的专家、学者表示感谢。对李天来院士及专家团队给予的大力支持深表敬意。李天来院士对党的事业极为负责的态度，对工作极为严谨的作风，对治学极为专注的精神，对承德蔬菜战线科技工作者悉心的指导，给我们留下了深刻的印象，也感染了参与本书编撰工作的每位同志。《蔬菜园艺与承德实践》一书，既是专业工作者的工具书，也是基层开展新农民科技大培训的实用教材；既是帮助农民群众解疑释惑、用“菜篮子”盛满美好生活的路径指南，也是编者的初衷和心愿！

是为序。

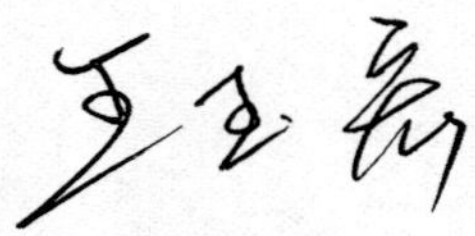

2023 年 2 月

项目支持：1. 河北省科学技术厅院士合作重点单位

2. 河北省现代农业产业技术体系蔬菜创新团队

目 录

第一章　蔬菜与蔬菜起源 …… 1
一、蔬菜的含义 …… 1
二、蔬菜的营养价值 …… 2
三、世界蔬菜起源中心 …… 7
四、中国蔬菜的来源 …… 10
五、中国蔬菜的传播 …… 15
六、蔬菜的分类方法 …… 16
第二章　中国蔬菜园艺概略 …… 23
一、先秦时期 …… 24
二、秦汉时期 …… 26
三、魏晋南北朝时期 …… 30
四、隋唐五代时期 …… 33
五、宋元时期 …… 35
六、明清时期 …… 38
七、民国时期 …… 44
八、新中国成立以来 …… 47
第三章　近现代承德蔬菜产业发展 …… 55
一、承德蔬菜初期探索阶段 …… 55
二、承德蔬菜科学实践阶段 …… 61

三、承德蔬菜特色形成阶段 …… 67
四、承德蔬菜规模发展阶段 …… 72
五、承德蔬菜产业建设阶段 …… 77
第四章 承德特色现代蔬菜技术成果 …… 88
一、露地蔬菜与栽培技术体系 …… 88
二、设施蔬菜与栽培技术体系 …… 113
三、现代蔬菜技术提升与标准化 …… 154
四、功能蔬菜产业发展与标准化 …… 182
第五章 承德蔬菜产业现状与未来发展 …… 190
一、拥有了良好的产业发展基础 …… 190
二、实现了新旧转换的五大跃升 …… 194
三、构建了典型的山区特色布局 …… 197
四、形成了协调互补的栽培制度 …… 198
五、擘画了美好未来的实现路径 …… 202
附录 …… 207
一、深受欢迎的特优蔬菜产品 …… 207
二、朝气蓬勃的蔬菜龙头企业 …… 211
参考文献 …… 221

第一章

蔬菜与蔬菜起源

一、蔬菜的含义

想要了解蔬菜文化，首先要知道蔬菜这一定义的由来。所谓蔬菜，乃是现在的叫法。在先秦时，泛指菜类的文字有菜、簌、芼(mào)、疏、蔬、素、荤。在中国第一部词典《尔雅·释天》(公元前2世纪)中记载有“疏不熟为馑”，晋郭璞注为“凡草菜可食者，通名为蔬”；又有《尔雅·释器》中记载的“菜谓之簌”，郭璞注为“簌者，菜茹之总名”；另据汉许慎在《说文解字·草部》中的解释为“蔬，菜也”“菜，草之可食者”。《礼记·内则》记载有“子事父母，饘(zhān)酏(yǐ)(厚粥和薄粥)、酒醴(lǐ)(酒和甜酒)、芼羹(用菜和肉做的羹)、菽(shū)麦(豆与麦)、蕡(fén)稻(大麻子和稻子)、黍粱、秫唯所欲”，汉郑玄注释为“芼，菜也”。《周礼》中有“疏材，百草根实可食者”。《管子·禁藏》中记载“果蓏素食当十石”“果蓏不以火化而食，故曰素食”，这里的“素”义同“疏”“蔬”。而“荤”所指的范围有别于上述，《说文》释“荤，臭菜也”，徐铉注“通渭芸台、椿、韭、蒜、葱、阿魏之属”，即香辛味的蔬菜。根据文献记载可知，可供餐食之草即为蔬菜，当然，野生可食之草为野生蔬菜，经驯化培育之草为栽培蔬菜。然而，有少数木本植物的嫩茎嫩芽(如竹笋、香椿、枸杞的嫩茎叶等)、部分真菌、蕨类、藻类也可作为蔬菜食用。蔬菜的食用器官有根、茎、叶以及幼嫩的花、果和种子等，并且在蔬菜生长和繁衍的过程中，经过人们长期的耕耘和选择，形成了丰富多样的变态器官，如肉质根、块根、根茎、块茎、球茎、鳞茎、叶球、花球等，供人们食用。

在中国古代，蔬菜主要来自野生植物的采集，随着农业生产的发展，蔬菜栽培才逐步兴起，野生蔬菜逐步向栽培种变化，种类不断增加。据1990年《中国农业百科全书·蔬菜卷》统计，世界上蔬菜的种类（包括野生的及半野生的）有200多种，普遍栽培的只有五六十种。到2001年，《中国蔬菜品种志》统计中国栽培蔬菜的种类涉及45个科158个种（或变种）。近年来，由于人们生活水平的提高，膳食结构的拓宽，已使栽培蔬菜的种类明显增加，据2010年《中国蔬菜栽培学》数据统计，中国目前栽培的蔬菜至少有298种（亚种、变种），分属50科。在总结前人成果的基础上，根据2006年的《中国野菜资源学》统计，认为正在研究和开发利用的野菜有574种，野生食用菌293种。中国丰富的蔬菜种质资源为人们进一步的研究和利用创造了极为优越的条件。

蔬菜是人类生活所必需的、是极具开发利用价值的经济作物。积极发展蔬菜产业，是满足群众生活需求、促进农村经济发展、推动乡村振兴的重要途径。随着人们生活水平的提高，蔬菜的消费特点也发生了明显变化，名特优新蔬菜格外受到市场的青睐，这也对蔬菜产业的发展提出了新的要求。

二、蔬菜的营养价值

中国幅员辽阔，地跨温带、亚热带、热带，尤其是西南横断山区，由于其地貌高度的多样性而形成多种类型气候条件，是世界上生物多样性最丰富的地区之一，也为中国种类繁多的蔬菜（包括各具特色的种、变种、变型)的形成、生长和繁衍提供了各种相应的自然生态环境。中国蔬菜种植历史悠久,栽培方法多种多样,栽培技术精细且富有特色,蔬菜种植者致力于良种的长期优选,这些均为中国蔬菜丰富多样的地方品种和种质资源遗传多样性的形成创造了极其有利的条件。蔬菜作物及其产业与中国百姓的日常生活息息相关,对农业乡村振兴、农村经济发展、农民增收致富具有举足轻重的作用。

蔬菜的营养作用,早在公元前 3 世纪中国古代医书《黄帝内经·素问》中就有记载,"五谷为养、五果为助、五畜为益、五菜为充"是较为朴素的食物营养学概念。中国明朝著名的科学家李时珍在《本草纲目》(1578 年)一书中的前言部分对于蔬菜的营养意义又做了进一步阐述:"五谷为养、五菜为充,所以辅佐谷气,疏通壅滞也。菜固不止于五而已。明初周宪王图草木之可济生者四百馀种,为《救荒本草》,厥有旨哉。夫阴之所生,本在五味,阴之五宫,伤在五味,谨和五味,脏腑以通,气血以流,骨正筋柔,腠理以密,可以长久。是以内则有训,食医有方,菜之于人补非小也。但五气之良毒各不同,五味之所入有偏胜,民生日用而不知。乃搜可茹之草,凡一百五种为菜部。分为五类:曰荤辛,曰柔滑,曰蓏(luǒ,草本植物的果实),曰水,曰芝栭(ér,朽木上生的蕈类)。"

众所周知,碳水化合物、蛋白质、脂肪、矿物质和维生素是维持人体健康的五大营养物质,有了这些营养物质,人们才能维持身体正常的生理代谢活动,调节血液酸碱平衡,提高免疫能力,保持充沛的精力和健康。蔬菜中尤以碳水化合物、矿物质和维生素最为丰富,由于大多数维生素不能在人体内合成,故人体所需的维生素 C(抗坏血酸)等主要来源于蔬菜和果品,就中国人民的饮食习惯和食物构成而言,蔬菜的地位尤其重要。当维生素缺乏时,会影响人体正常生理功能,因此在我国蔬菜不仅是生活中的重要副食品,更是农业生产的重要组成部分。随着现代营养学的发展，对蔬菜的营养功能有了更加深入的了解，蔬菜除有刺激食欲、促进消化、维持体内酸碱平衡等作用外，还能供给人体所必需的多种维生素、矿物质、微量元素、酶及具有保健和医疗功能的其他成分。此外，薯、芋、豆类等蔬菜含有较多的碳水化合物和蛋白质等，也可以补充人体需要的一部分热量和蛋白质。

(一)多种维生素的重要来源

蔬菜含有对人体极为重要的多种维生素。维生素大多数不能在人体中合成，又不能在体内充分贮存。维生素分两大类，即脂溶性维生素和水溶性维生素，如维生素 A、维生素 D、维生素 E 是脂溶性维生素，而维生素 B_1、维生素 B_2 和维生素 C 是水溶性维生素。此外，还有类维生素物质。

蔬菜是维生素 C 的主要来源，其广泛存在于新鲜蔬菜中。如人体缺乏维生素 C，会出现体重下降，倦怠、疲劳，肌肉和关节瞬息性疼痛，急躁、呼吸急促，齿龈肿胀、出血、溃烂，牙齿松动，骨骼畸形易弯，毛细管脆弱，全身出血，大片青肿，关节增大，贫血，肌肉纤维衰退，严重内出血和心脏衰竭等。维生素 C 还有增强抗病力、解毒、阻断致癌物质亚硝胺的形成以及防止动脉硬化的作用。

蔬菜中含有丰富的维生素 A 源的胡萝卜素。中国人膳食中的维生素 A 主要来源于胡萝卜素和动物的肝及一些奶制品。胡萝卜素在人体内能转变成维生素 A，胡萝卜素分为 α-胡萝卜素、β-胡萝卜素和 γ-胡萝卜素，其中 β-胡萝卜素生物效应最高，每分子 β-胡萝卜素在人体内可分解为两个分子的维生素 A。蔬菜中 β-胡萝卜素含量较高，而橙色蔬菜中 α-胡萝卜素含量较高。缺乏维生素 A 易发生夜盲症和皮肤干燥及眼干燥症，易引起儿童生长受阻，骨骼生长缓慢、变形，牙齿不健全、珐琅质变态和龋齿，皮肤鳞状干燥，咽喉溃疡，耳朵、口腔或唾液腺脓肿，腹泻，甚至会引发生殖失调、妊娠不良、胎儿生长异常、胎盘损伤等。维生素A还具有保持上皮组织细胞的健康，防止多种类型的上皮肿瘤发生和发展的作用。

蔬菜还含有B族维生素，如维生素B_1（硫铵酸）、维生素B_2（核黄素）、维生素B_3（烟酸）、维生素B_6（吡哆素）、泛酸、叶酸等人体生理所必需的维生素。缺乏这类B族维生素易患脚气病、口腔炎、皮炎等，同样影响人体正常的生理活动。

（二）无机盐（矿物质）的来源

常量矿物质和微量矿物质（微量元素）是人们身体保持适当生理功能所必需的元素，虽然有的元素摄入量很少。常量矿物质如钙、磷、钠、氯、镁、钾、硫等；微量矿物质如铁、锌、铜、锰、铬、钼、碘、氟等。其中钙是人体含量最多的无机盐，占体重的1.5%～2.0%，成人体内99%的钙存在于骨骼及牙齿中。另外，钙还有凝血、维持心脏的正常搏动、参与肌肉的收缩和舒张等作用。磷约占人体矿物质总量的25%，约有80%的磷与钙以无机结合形式存在于骨骼和牙齿中。另外，磷对正常泌乳、构成肌肉组织以及对遗传物质的传递和控制细胞代谢至关重要。铜有利于铁在肠道中的吸收，又是生成血红蛋白所必需的物质，血管和骨骼结构的发育维持需要铜，中枢神经系统结构和功能也需要铜，铜还与生殖繁育有关。铁与蛋白质结合形成血红蛋白，它是血红细胞中含铁的化合物；铁与氧的输送有关，铁也是与能量代谢有关的成分。

（三）纤维素含量丰富

蔬菜含有丰富的纤维素，食用纤维包括非水溶性纤维（纤维素、半纤维素、木质素）和水溶性纤维（果胶、植物分泌胶等）两大类。纤维素是人体很难消化的物质，而且营养价值很低，但是它们在消化道中有重要的生理作用，因此又叫“无营养纤维”，也称为粗纤维。目前，人们膳食中几乎所有粗纤维都来源于植物性食物，纤维虽不能被人体消化，但它有助于预防多种疾病，是人体不可缺少的营养物质。纤维可以加快食物通过速度，减少致癌物与肠组织的接触时间；有刺激结肠蠕动、通便的作用，能预防和治疗便秘，减少肠癌发病率。纤维还有解毒作用，纤维可以使有害物质凝固，这些物质来源于食物和肠道微生物对食物组分的作用，此外，纤维还能明显降低糖尿病患者空腹时的血糖水平，降低胆固醇和甘油三酯，从而预防动脉粥样硬化和冠心病等心血管疾病。

(四)维持体内的酸碱平衡

人体摄入食物后，经代谢产生反应，从而释放矿物元素所表现的酸度或碱度。一般成酸元素是氯、硫、磷，而成碱元素是钙、钠、钾、镁，食品按其矿物质含量可分为酸性食品、碱性食品和中性食品三类，一般谷物类、肉类、蛋类及部分奶酪制品等为酸性食品，而蔬菜、水果等为碱性食品。通常在合理膳食的情况下，蔬菜、水果经消化水解后产生的碱性成分与酸性食品产生的酸性成分中和，因此蔬菜对于维持人体内酸碱平衡起着重要作用，并有利于人体正常的生理代谢。

(五)其他营养保健功能

蔬菜除含有多种维生素、微量矿物质、粗纤维以及蛋白质、脂肪和碳水化合物等人体所需营养素之外，不少蔬菜还含有一些特殊的具有生理调节和保健功能的元素。这些元素具有与生物防御、生物节律调节、预防疾病、恢复健康等有关的功能因素。据研究结果表明，番茄所含番茄红素是自然界的一种较强的抗氧化剂，能帮助人体细胞免遭自由基的伤害，长期食用番茄及其制品，可以降低患某些癌症和心脏病的风险。在紫甘蓝、茄子、萝卜、甜菜、青花菜、花椰菜、洋葱、大蒜、辣椒、马铃薯等蔬菜中含有极丰富的生物类黄酮，具有抑菌、抗病毒、抗血栓、保护心肌的作用。大蒜素能够延缓衰老，提高人体抵抗力。魔芋含有大量葡甘露聚糖成分，不仅能抑制膳食中过量胆固醇的吸收，还能降低血压，同时对人体血糖值及尿糖值有降低作用。洋葱含有硫化丙烯的挥发物，有杀菌作用。胡萝卜含有槲皮素、山柰酚等，有促进肾上腺合成、降低血脂、改善动脉血流量的作用。南瓜除含有丰富的矿物质、维生素、粗纤维外，还含有瓜氨酸、精氨酸、天门冬氨酸、腺嘌呤、有机酸、甘露聚糖和果胶等十分有益的营养成分，它能促进人体胰岛素的分泌，对治疗糖尿病有显著效果，能增强肝肾细胞的再生能力。南瓜中的果胶具有固定胆固醇的作用，可预防和辅助治疗动脉硬化等。

此外，蔬菜中含有柠檬酸、苹果酸和琥珀酸等多种有机酸，有些蔬菜含有特殊味道的挥发性物质，如葱、姜、大蒜、洋葱、茴香、芫荽、芹菜等，均具有特殊香味。

总之，蔬菜是人们生活中所必需的食物，与其他食物互相配合而又不可代替，是人体中不可缺少的营养物质的重要来源。

三、世界蔬菜起源中心

大多数栽培蔬菜属于高等植物中的被子植物，是由野生种类演化而来的，因此，了解和研究蔬菜的演化过程，梳理历史脉络，确定其起源中心和栽培驯化的分布，对了解蔬菜生物学特性的形成，优化栽培管理技术，发掘利用其优异种质资源，开展遗传育种和生物技术研究等具有重要意义。蔬菜种质资源是伴随着人类的产生和进化而形成和演化的，两者息息相关，特别是人类的生活方式由游牧转向定居后，一些原本野生的蔬菜才被逐步移植到园圃中进行驯化栽培，经过自然选择和人为选择，渐渐形成了蔬菜栽培种、半栽培种和野生种三类。1883 年，瑞士德·康道尔基于对古典植物学、古生物学和语言学等的研究，以事实追溯和论证了植物的起源。1928 年，苏联瓦维洛夫依照植物地理学区分法，将从世界各地广泛获得的栽培植物和近缘植物，利用形态分类学、遗传学、细胞学和植物免疫学等手段，确定了世界上 8 个栽培植物起源中心，后来增加到 12 个中心，各个中心起源的蔬菜分列如下。

（一）中国中心

包括中国的中部和西部山区及低地，是许多温带、亚热带作物的起源地。主要有大豆、竹笋、山药、甘露子、东亚大型萝卜、根芥菜、牛蒡、荸荠、莲藕、茭白、蒲菜、慈姑、菱、芋、百合、白菜、大白菜、芥蓝、乌塌菜、芥菜、黄花菜、苋菜、韭、葱、薤、莴笋、茼蒿、食用菊花、紫苏等。该中心还是豇豆、甜瓜、南瓜等蔬菜的次生起源中心。

（二）印度—缅甸中心

包括印度（不包括其西北旁遮普及山区各省）和缅甸，是许多重要蔬菜的起源地。起源的蔬菜主要有茄子、黄瓜、苦瓜、葫芦、有棱丝瓜、蛇瓜、芋、田薯、刀豆、矮豇豆、四棱豆、扁豆、绿豆、胡卢巴、长角萝卜、莳萝、木豆、双花扁豆等。该中心还是芥菜、印度芸薹、黑芥等蔬菜的次生起源中心。

（三）印度—马来亚中心

包括印度、马来半岛、爪哇、加里曼丹、苏门答腊及菲律宾等地，是印度中心的补充。起源的蔬菜有姜、冬瓜、黄秋葵、田薯、五叶薯、印度藜豆、巨竹笋等。

(四)中亚细亚中心

包括印度西北旁遮普和西北边界、克什米尔、阿富汗和塔吉克斯坦、乌兹别克斯坦以及天山西部等地，也是蔬菜的重要起源地。起源的蔬菜有豌豆、蚕豆、绿豆、芥菜、芫荽（起源地之一）、胡萝卜、亚洲芜菁、四季萝卜、洋葱、大蒜、菠菜、罗勒、马齿苋（起源地之一）、芝麻菜（起源地之一），该中心还是独行菜、甜瓜、葫芦等蔬菜的次生起源中心。

(五)近东中心

包括小亚细亚内陆、外高加索、伊朗和土库曼斯坦山地。起源的蔬菜有：甜瓜、胡萝卜、芫荽（起源地之一）、小茴芹、阿纳托利亚甘蓝、莴苣、韭葱、马齿苋、蛇甜瓜、阿纳托利亚黄瓜（特殊小种）等。该中心还是豌豆、芸薹、芥菜、芜菁、甜菜、洋葱、香芹菜、独行菜、胡卢巴等蔬菜的次生起源中心。

(六)地中海中心

包括欧洲和非洲北部地中海沿岸地带，它与中国中心同为世界重要的蔬菜起源地。起源的蔬菜有芸薹（起源地之一）、甘蓝（包括结球甘蓝及甘蓝的野生种）、球茎甘蓝、皱叶甘蓝、花椰菜、青花菜、芜菁、黑芥、白芥、芝麻菜（主要起源地）、甜菜、香芹菜、菜蓟、冬油菜、马齿苋、韭葱、细香葱、莴苣、芦笋、芹菜、菊苣、防风、婆罗门参、菊牛蒡、莳萝、食用大黄、酸模、茴香、洋茴香和豌豆（大粒）等，该中心还是洋葱（大型）、大蒜（大型）、独行菜等蔬菜的次生起源中心。

(七)阿比西尼亚中心(又称非洲中心)

包括埃塞俄比亚和索马里等。起源的蔬菜有：豇豆、豌豆（起源地之一）、扁豆、西瓜、葫芦、芫荽（起源地之一）、甜瓜、胡葱、独行菜（主要起源地）、黄秋葵等。

(八)中美中心

包括墨西哥(主要是墨西哥南部)及安德烈亚诺夫群岛等。起源的蔬菜有:菜豆、多花菜豆、刀豆、黑子南瓜、灰子南瓜、南瓜、佛手瓜、甘薯、大豆薯、竹芋、辣椒、树辣椒、番木瓜、樱桃番茄等。

(九)南美中心

包括秘鲁、厄瓜多尔、玻利维亚等。起源的蔬菜有:马铃薯、秘鲁番茄、树番茄、普通多心室番茄、笋瓜、浆果状辣椒、多毛辣椒、箭头芋、蕉芋等。该中心还是菜豆的次生起源中心。

(十)智利中心

为普通马铃薯和智利草莓的起源中心。

(十一)巴西—巴拉圭中心

为木薯、花生的起源中心。

(十二)北美中心

为菊芋的起源中心。

四、中国蔬菜的来源

中国蔬菜作物的来源,主要有以下 3 种:一是中国固有的栽培蔬菜,是野生草本植物在人们长期采集、选择、利用过程中,逐步演变产生的;二是人们根据食用要求和蔬菜作物特性从国外引进栽培的蔬菜;三是对中国固有的或引进的栽培蔬菜进行定向选择和培育,逐步形成的新的蔬菜品种或类型。

中国古代蔬菜来自野生植物的采集,《诗经 · 谷风》中记载有"采葑采菲,无以下体"的论述,这里说到的就是采葑(蔓菁、菘菜)、采菲(萝卜)的采集活动;《诗经 · 齐风 · 东方未明》中有"折柳樊圃,狂夫瞿瞿”，即折柳枝、围菜园、准备栽培的活动。随着农业生产的发展，蔬菜栽培驯化逐步兴起，野生蔬菜逐步向栽培种变化，种类不断增加。中国最早比较详细地记载蔬菜的数据出自 2 500 年前的《诗经》，其列出用于食用的蔬菜达 50 多种，但大半是采食的野菜。此后的古籍，如《山海经》(战国时期)、《论语》(前 5 世纪至前 4 世纪)、《吕氏春秋》(前 3 世纪)、《尔雅》(前 2 世纪)、《史记》(前 1 世纪前期)、《汉书》(1 世纪后期)、《氾胜之书》(前 1 世纪后期)等文献记载，先秦时期的蔬菜还有葱、薤、小蒜(泽蒜)、芸、芋、薯蓣(山药)、姜、蘘荷等。但以上蔬菜大多处于野生状态，栽培的蔬菜仅有韭、葵、瓠、瓜、荏等几种。其他如葑、菲、荷、芹、笋等可能还处于半野生状态，有些蔬菜如荠菜、莼菜等直到现在也只有局部地区有少量栽培，有些则一直处于野生状态。

甜瓜、芜菁、萝卜、芥菜、葫芦等几种蔬菜在春秋战国时期的古文献中已有记载。如《诗经·豳风·七月》记载的“七月食瓜，八月断壶，九月叔苴”，这里的瓜多数认为说的是甜瓜，当然也可能是嫩食的葫芦。《周礼·天官·醢(hǎi，肉酱)人》(前 3 世纪)记有“菁菹(jīng jǔ，芜菁酱)鹿臡(lù ní，鹿肉及骨所制的酱)”；《吕氏春秋·本味篇》说“菜之美者，具区之菁”，这里的“菁”就是芜菁，“菹”为腌制品。关于萝卜，在《尔雅》中有记载，“葖芦葩。〈注〉葩，宜为菔，芦菔芜菁属。紫花，大根，俗呼雹葖”。芥菜在《左传》也有记载。可见，这些蔬菜在中国黄河流域古已有之。但上述蔬菜在国外文献中一般都被记载起源于其他地方，如甜瓜起源中心为埃塞俄比亚，芜菁和萝卜起源中心为地中海沿岸，葫芦是从非洲传到亚洲等。

晋嵇含撰《南方草木状》(304 年)是中国最早的植物学典籍，书中分草、木、果、竹四类，共列举华南植物 80 种，这也是记载华南蔬菜植物较为详尽的文献，此书记载当地栽培的果蔬种类有菘、芜菁、茄、薤、薯蓣、菖蒲、荔枝、豆蔻、海枣、枸橼、山姜、荜拔、蒟酱等，这些文献所载的蔬菜，虽然见于文献较晚，但自古以来即已在当地栽培，这些蔬菜多属于中国原产。

北魏时期贾思勰撰写的《齐民要术》(533—544 年)中记述了 1 500 年前在黄河流域栽培的蔬菜只有 32 种，包括种及变种，有瓜(甜瓜)、冬瓜、越瓜、胡瓜、茄子、瓠、芋、蔓菁、菘、芦菔、泽蒜、薤、葱、韭、蜀芥、芸薹、芥子，胡荽、兰香(罗勒)、荏、蓼、蘘荷、芹、白蘧、马芹、姜、堇、胡葸子(即枲耳)、苜蓿、葵、蒜及大豆等。且书中首次记载了水生蔬菜如蓴(莼菜)、藕、芡、芰(菱)的栽培方法，至今水生蔬菜仍是中国的特产蔬菜。

茭白是我国的特种蔬菜。茭白在古时为野茭，古人称菰，三国魏张揖撰《广雅》(3 世纪前期)说“蒋菰也，其米谓之雕胡”。菰米，曾是中国古代“六谷”(稻、黍、稷、粱、麦、菰)之一，也叫雕胡，是茭穗的种子，由于其成熟期不一，又易脱粒，因此产量极低，在唐朝以前被视为珍品，非寻常百姓能够食用。汉刘歆著《西京杂记》中有一段话：“菰之有米者长安人谓为彫胡；葭芦之未解叶者谓之紫萚；菰之有首者谓之绿节。”这里所说的绿节就是菰嫩芽秆受黑粉菌侵染后花茎基部畸形发展，形成的肥大菌瘿，即人们熟知的茭白，这种反应是菰对病菌具有一定抗性的反应。茭白在晋代已成为江东名菜。

内外交往的增加，促进了蔬菜的引入。西汉时张骞奉汉武帝之命出使西域，正式沟通中国与西北各国的交流。当然实际上已经存在的民间沟通还要更早些。此后每年有多批骆驼队沿着这条举世闻名的“丝绸之路”西行。当时骆驼队从西安出发，穿过河西走廊，出嘉峪关，到达新疆如今一片荒芜空寂的废墟——楼兰古城，并以此作为中间站稍事休整。然后，开始更加艰巨严酷的长途跋涉，绕过被称为世界十大沙漠之一的塔克拉玛干沙漠的南侧，穿越沙漠西行，过和田、莎车，越过乌孜别克山口走出国境。也与阿富汗、伊朗、印度以至非洲、欧洲等地发生影响深远的交流，也使中亚细亚、近东、埃塞俄比亚和地中海 4 个栽培植物起源中心的蔬菜传入中国。继“丝绸之路”开通以后，于汉、晋、唐、宋各代，又先后开辟了与越南、缅甸、泰国、印度、马来群岛等国家和地区的海路及陆路交通，从而使印度、缅甸、马来西亚中心起源的蔬菜传入中国。美洲大陆被发现后（1492 年），通过海路又间接地经欧洲引入了北美中心和中、南美中心起源的蔬菜。因此，汉代以来，中国蔬菜的来源越来越丰富。

由中亚细亚经“丝绸之路”传入中国的蔬菜，在秦汉时期有大蒜、芫荽、黄瓜、苜蓿、甜瓜、豌豆、蚕豆；西瓜在五代（907—960 年）时传入；菠菜于唐代传入。莴苣在唐代以前无文献记载，在中国始见于唐代有关文献，如杜甫《种莴苣》诗里提到它，宋陶谷著《清异录》（10 世纪中期）有记载，“呙国使者来汉，隋人求得菜种，酬之甚厚，故因名千金菜，今莴苣也”，说明莴苣是隋代才引入的外来菜，但具体引入过程尚无史料记载；由《经史证类备急本草》（宋代绍兴年间校订）的名录推断，胡萝卜传入年代应在宋代或宋代以前。

由东南亚经陆路或经海路传入中国的蔬菜，从汉晋至明清前后有茄子、丝瓜、冬瓜、苦瓜、矮生菜豆、扁豆、小豆、绿豆、饭豆、龙爪豆等。茄子在北魏之前不具重要地位，如在《齐民要术》中茄子无专篇而附于《种瓜》篇之后，描述为“大小如弹圆中，生食，味似小豆角”，说明果形极小且为圆茄；晋嵇含撰《南方草木状》提到“茄树，交、广草木，经冬不衰，故蔬圃之中种茄”；唐段成式撰《酉阳杂俎》（803—863 年）记载“有新罗种者，色稍白，形如鸡卵”“只有西明寺僧造玄中，有其种”，说明茄子来自越南、泰国，南方栽培较早而普遍，发展到宋代，已成为南北方重要的蔬菜。扁豆始见于梁陶弘景著《名医别录》中，写作“藉豆”，其传入当更早。丝瓜的传入在南宋之前，陆游著《老学庵笔记》(1125—1210 年)提到用丝瓜瓤“涤砚磨洗，余渍皆尽，而不损砚”。豇豆的传入是在东汉或三国时期，在张揖撰《广雅》(227 年)中称为“蜂䗖”。

明清两代由海路传入的蔬菜很多，有菜豆、红花菜豆、西葫芦、南瓜、笋瓜、佛手瓜、豆薯、辣椒、番茄、菊芋、甘薯、马铃薯、结球甘蓝、芜菁甘蓝、香芹、豆瓣菜、四季萝卜、菜蓟、洋葱、根甜菜、芦笋等。20 世纪以来又传入结球莴苣、花椰菜、青花菜、球茎甘蓝、菜用豌豆、软荚豌豆、甜玉米、西芹、蛇丝瓜、硬皮甜瓜、甜椒、韭葱、黄秋葵、草莓、双孢蘑菇、番杏(洋菠菜)等。凡是由海路传入中国的蔬菜，在明代以前的中国文献中都无从可查。

由国外引进的蔬菜，自盛唐至宋元时期经“丝绸之路”引进的，其名称一般都冠以胡字，如胡萝卜、胡豆(蚕豆)、胡瓜(黄瓜)、胡荽(芫荽)等；明清以后引进的蔬菜除少数从陆路引入外，绝大多数是从海外传入，其名称大多冠以“蕃(番)”字，或“洋”字，或“倭”字，如番椒(辣椒)、倭瓜(南瓜)、洋芋(马铃薯)、洋葱、洋白菜(结球甘蓝)等。

中国地域辽阔，地形多种多样，自然条件复杂，这些因素加速了蔬菜种质资源的繁衍和变异，逐渐形成了蔬菜植物种类和类型的多样性。如葱分化出了分蘖性强的分葱，以及分蘖性弱、葱白发达的大葱。山药地下部根状块茎在南方形成脚板状、短筒状，在北方形成长柱状。菱的果形经过演化，发生少角和无角的变异。茭在汉代以前食其籽粒，即雕胡，汉以后逐渐演变成花茎肥大柔嫩的茭白。

另外，从国外引入我国的许多蔬菜，在驯化栽培过程中发生变异，从而形成了不同于原产地的独特的亚种、变种和类型，我国甚至成为其第二起源中心。如芸薹属的芸薹在欧洲和其他国家一直作为油料作物，而传到中国后在南方演变成白菜亚种，进而形成普通白菜、乌塌菜、菜薹等变种以及适应于不同季节的许多生态类型；在北方则演变成大白菜亚种，进而形成散叶、半结球、花心、结球等变种，其中结球变种又形成了卵圆、平头和直筒等生态型。再如芥菜，本是黑芥（原产于小亚细亚、伊朗）和芸薹或芜菁等（原产于地中海及近东中心）在中亚、喜马拉雅山脉地区杂交而形成的异源四倍体，其在印度、高加索两个地区始终作为油料作物、香料作物栽培，但在中国则演变成茎用、根用、叶用、薹用等变种。原产于地中海地区的莴苣在中国则演变成茎部肥大的莴笋。此外，还有茄子、萝卜、黄瓜、冬瓜、大蒜、长豇豆等蔬菜，在中国自然环境和栽培条件的影响下，发生各种特性的相应变化，形成了适应于不同地区和季节生长的各种生态类型和品种。

五、中国蔬菜的传播

起源于中国的蔬菜对丰富世界蔬菜种类有着极大的贡献，如芸薹作物是榨油和菜食两用作物，早在汉代已传到日本，16 世纪传到欧洲。由其演化出的白菜和大白菜，现今被世界很多国家栽培。据记载，白菜在明治初年（1868 年）由中国传到日本，形成了目前日本栽培的形形色色的结球白菜，欧美栽培结球白菜的记录始于 1800 年。

中国与日本交往久远，据日本学者统计，中国传入日本的蔬菜有 16 种之多。芜菁古代就已传入，毛竹在 1736 年经琉球传入，慈姑、大蒜、紫苏在 10 世纪传入，莴笋在明治初期传入，毛豆在 18 世纪初传入，长刺黄瓜在 1943 年传入，此外还有山药、茄子等。

另外，中国的大豆于 18 世纪传入欧洲，19 世纪初传入美国，中国也有许多蔬菜传入东南亚地区，如蒲菜、韭菜、芹菜、枸杞等，于公元

600 年前后传入马来西亚。中国还有很多在世界上享有盛誉的独特蔬菜品种,如香菇、黄花菜、章丘大葱、莴笋、长山药、线丝瓜、茭白、竹笋等,也先后被世界各地所引种。

此外,有一些具有优良种性的中国蔬菜种质资源已在国外被利用,如具有抗病性和抗逆性的刺黄瓜,在美国被用作抗枯萎病的亲本,而其单性结实性、结瓜的节成性和花芽分化对短日照的不敏感等特性,为日本、苏联等国家的温室栽培和早熟栽培所欢迎。近年来,中国在种质资源的对外交流上更为频繁。

六、蔬菜的分类方法

各国学者对本国各种蔬菜的起源、分布与传播做了大量考察与研究。而正是这些研究为明确各种蔬菜的演变及其亲缘关系,以及蔬菜的植物学分类提供了科学的依据。除了蔬菜的植物学分类以外,学者还提出了一些其他分类方法。16 世纪我国李时珍撰写的《本草纲目》中曾将蔬菜分为荤辛菜、蓏菜、柔滑、芝栭和水菜 5 类。20 世纪初叶,世界各国的学者根据蔬菜的食用部位、抗寒力强弱、耐光程度等特点又提出多种分类法。如美国的赫德里克(1919 年)和贝利(1924 年)按植物学形态和特性把蔬菜分为一年生蔬菜和多年生蔬菜两大类。一年生蔬菜中又分为地下根茎类、叶菜类、果菜类、杂类、调味蔬菜 5 类。日本雄泽三郎(1952 年)综合栽培、利用和植物学特性将蔬菜分为豆类、瓜类、茄果类和杂果类、块根类、直根类、叶菜类、生菜和香辛类、柔类、葱类、菌类 10 类。中国吴耕民(1939 年)将蔬菜分为根菜、茎菜、花菜、果菜及杂菜 5 类。目前,中国蔬菜园艺学者依照农业生物学分类法将蔬菜分为根菜类、绿叶菜类、白菜类、甘蓝类、芥菜类、薯芋类、葱蒜类、茄果类、瓜类、豆类、水生蔬菜、多年生与杂类蔬菜、食用蕈菌共13类。其后，在上述13类蔬菜外，还增加了野生蔬菜，后来又增加一类芽苗类蔬菜，共15类。

综上所述，目前蔬菜的分类，主要有植物学分类、按食用器官分类、农业生物学分类3种方法。

（一）植物学分类

蔬菜植物学分类主要根据其形态特征、系统发育中的亲缘关系进行分类。目前，中国栽培食用的蔬菜涉及红藻门、褐藻门、蓝藻门（统称藻类植物）、真菌门（菌类植物）、蕨类植物门、被子植物门（统称高等植物）6个门。其中，属于藻类植物的有9种，属菌类植物的近350种，属于蕨类植物门的有10种左右，大量的是被子植物门的高等植物，在中国栽培的涉及约36个科，200多种。植物学分类的优点是蔬菜植物不同科属种间，在形态、生理、遗传，尤其是系统发生上的亲缘十分明确，而且双名命名的学名世界通用，不易混淆，是明确蔬菜植物亲缘关系的重要依据。

（二）按食用器官分类

对属于被子植物门的蔬菜，按照其食用器官的不同可分为根、茎、叶、花、果5类。

1. 根菜类

根菜类分为肉质根直根类蔬菜，有萝卜、胡萝卜、根芥菜、芜菁、芜菁甘蓝、根甜菜、辣根、防风等；块根类蔬菜，有豆薯、葛等。

2. 茎菜类

茎菜类分为地下茎类蔬菜，有马铃薯、菊芋、山药等；根状茎类蔬菜，有莲藕、姜等；球茎类蔬菜，有荸荠、慈姑、芋等；嫩茎类蔬菜，有茭白、芦笋、笋用竹等；肉质茎类蔬菜，有莴笋、球茎甘蓝、茎芥菜等。

3. 叶菜类

叶菜类分为普通叶菜类，有白菜、叶芥菜、菠菜、芹菜、苋菜、叶甜菜等；结球叶菜类，有大白菜、结球甘蓝、结球莴苣等；叶变态的鳞茎类，有洋葱、大蒜、百合等；香辛类叶菜，有韭菜、大葱、细香葱、分葱、芫荽、茴香等。

4. 花菜类

花菜类有黄花菜、花椰菜、菜蓟等。

5. 果菜类

果菜类分为瓠果类蔬菜，有黄瓜、南瓜、瓠瓜、冬瓜、西瓜、甜瓜、丝瓜、苦瓜等；浆果类蔬菜，有番茄、茄子、辣椒等；荚果类蔬菜，有菜豆、豇豆等。

多数食用器官相同的蔬菜，其生物学特性及栽培方法也大体相同，如根菜类中的萝卜和胡萝卜虽分别属于十字花科和伞形花科，但对栽培环境条件和栽培技术的要求却非常相似。不过按食用器官分类也有一定的局限性，即不能准确反映同类蔬菜在系统发育上的亲缘关系，部分同类的蔬菜，如根状茎类的莲藕和姜，不论在亲缘关系上还是生物学特性及栽培技术上，均有较大的差异。

(三)农业生物学分类

根据各种蔬菜的主要生物学特性、食用器官的不同，并结合其栽培技术特点，将藻类和蕨类植物以外的蔬菜共分为15类。

1. 根菜类

根菜类包括萝卜、胡萝卜等蔬菜，以膨大肉质直根为食用器官，其生长后期，食用器官膨大时，要求冷凉的气候条件和疏松的土壤。

2. 白菜类

白菜类包括大白菜、白菜等。以柔软的叶丛、叶球、花球或花薹为食用器官。其生长要求冷凉、湿润的气候和氮肥充足的肥沃土壤。

3. 甘蓝类

甘蓝类包括结球甘蓝、花椰菜、球茎甘蓝、抱子甘蓝、青花菜、芥蓝等。以柔嫩的叶丛、叶球、侧芽形成的小叶球、膨大的肉质茎、花球或花茎为食用器官。要求温和、湿润的气候，适应性强。具有由种子发芽后长成一定大小的植株时才能感应温度而开始生长发育的特点。

4. 芥菜类

芥菜类有根芥菜、叶芥菜、茎芥菜、薹芥菜等。以膨大的肉质根、嫩茎、花茎、侧芽、柔嫩的叶丛、叶球等为食用器官。要求冷凉、湿润的气候。易受病毒病的危害。这类蔬菜具有含硫的葡萄糖甙，经水解后产生有挥发性的芥子油，具有特殊的辛辣味。

5. 绿叶菜类

绿叶菜类包括要求冷凉气候的菠菜、芹菜、莴苣、芫荽、茴香、茼蒿等和要求温暖气候的苋菜、蕹菜、落葵等。以嫩叶、叶柄和嫩茎为食用器官。

6. 葱蒜类

葱蒜类包括洋葱、大蒜、大葱、韭菜等。以叶、鳞茎或假茎为食用器官，耐寒性、适应性强。用种子或鳞茎繁殖。

7. 茄果类

茄果类包括番茄、茄子、辣椒等。均为茄科植物，以果实为食用器官。生长、结果要求温暖的气候和肥沃的土壤。

8.瓜类

瓜类包括黄瓜、南瓜、冬瓜、瓠瓜、西瓜、甜瓜、丝瓜、苦瓜等。茎蔓生，雌雄同株异花。均为葫芦科植物，以果实为食用器官。要求温暖的气候，需进行严格的植株调整。

9.豆类

豆类包括菜豆、豇豆、蚕豆、豌豆、刀豆、菜用大豆等，均为豆科植物，以荚果或种子为食用器官。蚕豆、豌豆要求冷凉的气候，其他豆类蔬菜都要求温暖的环境。

10.薯芋类

薯芋类包括马铃薯、山药、芋、豆薯、姜、葛等，以肉质地下茎(或根)为产品器官。均较耐热(只有马铃薯不耐热)，且生长期较长。

11.水生蔬菜

水生蔬菜包括莲藕、茭白、慈姑、荸荠、菱、芡等。要求在浅水中生长和温暖的气候，多采用营养繁殖(菱和芡除外)。

12.多年生与杂类蔬菜

多年生与杂类蔬菜包括香椿、笋用竹、黄花菜、芦笋、草莓、食用大黄以及黄秋葵等，大多一次种植可连续采收数年。

13.芽苗类蔬菜

芽苗类蔬菜包括黄豆芽、绿豆芽、黑豆芽、蚕豆芽、豌豆苗、萝卜苗、荞麦苗以及香椿芽、花椒芽等，以幼芽或幼苗供食。

14.食用蕈菌

食用蕈菌包括双孢蘑菇、草菇、香菇、木耳等，人工栽培的约20种，还有大量的野生种。

15. 野生蔬菜

野生蔬菜包括蕨菜、薇菜、野苋菜、马齿苋、地肤、芝麻菜、蔊菜、沙芥、诸葛菜、费菜、土人参、藤三七、菊芹、少花龙葵、酸模叶蓼等野生或半野生状态的种类。

(四)其他方法分类

1. 按蔬菜对温度的适应性分(不包括藻类、菌类和蕨类植物)

(1)耐寒的多年生宿根蔬菜:包括韭菜、黄花菜、芦笋等。在生长季节,地上部分都能耐高温;冬季地上部分枯死,以地下宿根(或茎)越冬,能耐－10 ℃以下的低温。

(2)耐寒的蔬菜:包括菠菜、芫荽、大蒜、洋葱、大葱等。在15～20 ℃时同化作用最旺盛,能耐－2～－1 ℃的低温和短期的－10～－5 ℃的低温。

(3)半耐寒的蔬菜:包括大白菜、白菜、萝卜、胡萝卜、结球甘蓝、豌豆等。在17～20 ℃时同化作用最旺盛,能耐短期的－3～－1 ℃的低温。

(4)喜温蔬菜:包括黄瓜、番茄、辣椒、菜豆、茄子等。适宜同化温度为20～30 ℃,不耐霜冻,温度10～15 ℃以下授粉不良,易引起落花,35 ℃以上则生长和结实不良。

(5)耐热蔬菜:包括冬瓜、南瓜、西瓜、豇豆、刀豆、苋菜、蕹菜等,温度在30 ℃左右时同化作用旺盛,35～40 ℃时仍能正常生长、结实。

2. 按蔬菜对光照强度的不同反应分

可分为强光照、中光照和较弱光照3类。

3. 按蔬菜生长发育对光周期的不同反应分

可分为长旋光性、短旋光性和中旋光性蔬菜3类。

4. 按蔬菜对水分吸收和消耗的差异分

可分为消耗水分很多但对水分吸收力弱的蔬菜，消耗水分不很多但吸收力强的蔬菜，消耗水分少但吸收力弱的蔬菜，水分消耗量中等、吸收力也中等的蔬菜，消耗水分很快、需在水中生长的蔬菜 5 类。

5. 按蔬菜对土壤 pH 的不同要求分

可分为耐微弱酸性（pH 6.0～6.8）的蔬菜，耐中等酸性（pH 5.5～6.8）的蔬菜和耐强酸性（pH 5.0～6.8）的蔬菜 3 类。

此外，还有根据根系的深浅、对肥料的不同要求、吸收土壤营养量的多少以及对生态环境的不同要求等而进行的各种不同的分类。

第二章

中国蔬菜园艺概略

根据生产力发展的不同状况，世界农业基本可分为原始农业、传统农业、近代农业和现代农业。据现有资料，中国原始农业早在距今8 000年以前已在某些地区产生，而在中原地区大体结束于距今4 000年左右夏王朝建立之时。我国由原始农业进入传统农业以后，可以划分为从虞夏到春秋、从战国到南北朝、从隋到元和明清4个发展阶段。虞、夏、商、西周、春秋是第一阶段，这是从原始农业向传统农业过渡的时期，也是精耕细作农业体系萌芽的时期，这一时期我国政治经济重心在黄河流域，而黄河流域的农业是以沟洫农业为其主要标志的。第二阶段包括战国、秦汉、魏晋南北朝，这是黄河流域农业生产全面发展的时期，也是北方旱地农业精耕细作技术体系形成和成熟的时期。第三阶段包括隋、唐、五代、宋、辽、金、元，这是我国传统农业在更大范围内获得蓬勃发展的时期，这一时期最突出的现象是南方农业的大发展。明清(鸦片战争前)是我国传统农业发展的第四阶段，这是精耕细作农业继续发展的时期。这一时期，人口的增长已造成全国性的耕地紧缺，为解决人多地少的矛盾，人们致力于提高复种指数和扩大耕地面积，土地利用率达到了传统农业的最高水平。18世纪60年代英国工业革命至二战前这段时期的世界农业发展称为近代农业。现代农业是二战后在近代农业的基础上发展起来的以现代科学技术为主要特征的农业。

中国蔬菜栽培的历史可以追溯到有文字记载以前，传说周朝的先民已经种植大豆、粟、麻、麦、瓜果等作物。甘肃秦安大地湾遗址出土了芸（油菜）种子，陕西西安半坡遗址出土了十字花科芸薹属蔬菜种子，河南郑州大河村遗址出土了莲子，浙江宁波河姆渡遗址则出土了葫芦籽，清楚地说明这一传说的某种真实性，即我国蔬菜种植至少始于距今 6 000 多年的仰韶文化时期。至于文字记载，则散见于夏、商、西周以来浩瀚的典籍之中。蔬菜是世界农业发展的重要产物，对其驯化与栽培穿插于我国农业发展的各个历史脉络之中，根据历史典籍记载，结合各时期蔬菜栽培特点，本书从先秦时期、秦汉时期、魏晋南北朝时期、隋唐五代时期、宋元时期、明清时期、民国时期和新中国成立以来的 8 个时期来探寻其演变轨迹。

一、先秦时期

随着原始农业产生，蔬菜、果树与粮食作物一样，逐渐为人们所栽培，但在很长的时期内，蔬果作物与谷类作物大多混种在一起，后来才逐渐有所区分。在河南安阳商朝（前 1562—前 1066 年）都城遗址发掘出来的甲骨文中有“囿”“圃”字样，说明 3 000 年前中国已有园艺式集约栽培的菜园了，即专门种植蔬菜、果树的园圃。商周时代逐渐出现不同于大田的园圃，它的形成有两条途径。其一是从囿分化出来。上古时期，人们把一定范围的土地圈围起来，保护和繁殖其中的草木鸟兽，这就是囿，有点类似现在的自然保护区。在囿中的一定地段，可能种有某些蔬菜和果树。最初是为了保护草木鸟兽，而后逐渐发展为专门种植。其二是从大田中分化出来。《诗经·豳风·七月》中记有“九月筑场圃，十月纳禾稼”，如西周有些耕地春夏种蔬菜，秋收后修筑坚实作为晒场。到春秋时代已形成独立的园圃业，这时园圃经营的内容与后世园艺业相仿，种蔬菜和果树，也往往种一些经济林木，因而比后世园艺业的范围更广。整体上讲，先秦时期的园圃业与后世的园艺业有所不同，即先秦园圃合一，不像后世“园”中专种果树，“圃”中专种蔬菜。

两周初年至春秋时期，黄河中下游地区出现中国第一部诗歌总集《诗经》(前11世纪至前6世纪)，其中涉及的植物共计132种，包含用于食用的蔬菜达50多种，但大半是采食的野菜。主要有：瓜(甜瓜)、瓠(葫芦)、菽(荏菽、藿，即大豆)、韭、蓼、葵(冬寒菜)、荼(一种苦菜)、芑(一种野菜)、蒿类(蒌、蘩、苹)、荠、薇(野豌豆)、莱(藜)、堇(一种野菜，味苦)、杞(枸杞)、菲(萝卜)、荷(莲藕)、茆(莼菜)、荇(莕菜)、蒲(香蒲)、笋(竹笋)、蕨、谖(萱草，金针菜)、芹(水芹)、果臝(瓜蒌、栝楼的果实)、莪(抱娘蒿)、卷耳(苍耳)、芣苢(车前草或车轮菜)。见于其他先秦文献的蔬菜有：芥、葱、薤、姜、菱(菱角)、芝栭(食用菌)、芗(荏，白苏)、芋、薯蓣(薯蓣)、苴蓴(蘘荷)、蘧蔬(茭白)、凫茈(荸荠)、苋、小蒜、芡15种。以上约40种蔬菜中绝大多数原产于中国。其中可以肯定当时已有栽培的只有瓜、瓠、菽、韭、葵、大葱、芋和姜等近10种。如对韭菜的记载，在西汉戴德编辑的《大戴礼·夏小正》(前1世纪)中有“圃有见韭”；《诗经·豳风·七月》中有“二之日凿冰冲冲，三之日纳于凌阴，四之日其蚤，献羔祭韭”；《周礼·天官》中有“醢人掌四豆之实，朝事之豆，其实韭菹醓醢”，说明了韭菜栽培时间久远，不仅用于食用和腌制，也作为祭品。又比如关于瓜的记载，在《诗经·小雅·信南山》中有对西周田野景象的描写，“中田有庐，疆场有瓜，是剥是菹，献之皇祖”。还有瓠，也称“壶”，即瓠瓜、瓠子、葫芦，是最古老的作物之一。在西周的栽培蔬菜中，瓜类占有重要地位。

园圃经营的专业化发展，为当时园艺技术的提高开辟了道路。春秋战国时期园圃经营已有了较高的集约化程度。在战国时吕不韦集合门客编写的《吕氏春秋·尊师》(前3世纪)中记载有"治唐园，疾浸灌"，这里说的唐园即场园。汉贾谊《新书》中有"昔梁大夫宋就为边县令，与楚邻界，梁亭、楚亭皆种瓜，梁亭劬力数灌其瓜，瓜美，楚亭田窳而稀灌其瓜，瓜恶"等记述，反映了当时人们已经认识到灌溉对提高瓜菜质量的重要性。《吕氏春秋·上农》写道"齿年未长，不敢为园囿，量力不足，不敢渠地而耕"，则说明了园圃业对生产技术的较高要求。另外，园圃中较早地实行了井灌，桔槔这种新的汲水灌溉机械，很大程度上是基于园圃业的需要而推广的，而畦这种新的农田形式，也是为了便于灌溉而首先出现于园圃中。

二、秦汉时期

秦汉时期的农业生产无论是规模还是生产技术都比春秋战国时期有了巨大的进步，特别是推行使用带有犁壁的大型铁铧犁——耦犁，这在中国牛耕史上是一个重要创举，它大大提高了劳动效率。随着园艺作物栽培管理技术的成熟、"丝绸之路"的开辟以及各民族的融合所带来的农业文化的交流，秦汉时期的园艺技术也得到了相应的发展。

(一)园圃业专业性的加强

在秦汉时期园与圃已经分开，并各有其特定的生产内容。在《说文解字》中记载有"种菜曰圃""园，所以树果也"；《后汉书·仲长统传》中还有"场圃筑前，果园树后"之说。可见园圃业中果树和蔬菜生产的区分已经相当明确了。当时不但一般农民从事小规模的园艺生产，地主阶层也已普遍经营园圃，并出现了大规模的园圃经营。西汉司马迁在《史记·货殖列传》(前1世纪前期)中记载："安邑千树枣，燕秦千树栗，蜀、汉、江陵千树橘……若千亩卮、茜……千畦姜、韭……

此其人，皆与千户侯等”，即是说，在今山西运城一带出现了枣树特产区，今陕西和河北北部一带出现了栗树特产区，今四川、陕南和湖北一带出现了橘树特产区，蔬菜种植业也很发达。由此可见，当时的园艺产品专业化和商品化生产已经有了一定的发展。

(二)蔬菜种类和品种的增加

随着秦汉时期大一统局面的出现，各民族农业文化交流更加频繁，园艺生产技术进一步提高，见诸记载的蔬菜种类和品种显著增多。与前一时期相比，黄河中下游地区的栽培蔬菜有蓼、薤、芥(芥子菜和叶用芥菜)、苏、胡葱(丝葱)、芫菁、豍豆(豌豆)、胡豆(豇豆)、苜蓿(紫花苜蓿)、蘘荷等。其他地区栽培的有菱、莲藕、冬瓜、茄子等。这一时期从国外引入的蔬菜，如大蒜、苜蓿、胡葱等已开始有文献记载。在这些种类中，约有一半以上在汉代才有人工栽培的明确记载。同时，在蔬菜品种结构中，辛香调味类蔬菜已占有很大的比重。

栽培蔬菜中已出现了一些优良品种或名特产。根据《史记·萧相国》记载，“邵平者，故秦东陵侯，秦破为布衣，家贫种瓜于长安，城东瓜美故，世谓之东陵瓜，从邵平始”，也就是说，西汉初年前秦东陵侯邵平培育出了著名的“东陵瓜”，且可能有了较大面积的推广。南北朝后魏郦道元《水经注·渭水三》(5世纪末或稍后)所引的晋阮籍《咏怀诗》“昔闻东陵瓜，近在青门外，连畛拒阡陌，子母相钩带”，《吕氏春秋·本味》所记述的“昆仑之苹、寿木之华、阳华之芸、云梦之芹、具区之菁、阳朴之姜、招摇之桂、越骆之菌、汉上石耳”等，所述都是当时各地的名产。

(三)蔬菜栽培技术的进步

秦汉时期随着园艺业的发展，为了改善蔬菜品质，增加产量，延长蔬菜供应期，人们在蔬菜栽培技术方面有了很多创新，其中较有代表性的有以下几方面。

1. 分类做畦，精细播种

战国时期在蔬菜的做畦、播种等方面已初步形成了一套简单、粗略的栽培技术。如《吕氏春秋》记载的“上田弃亩，下田弃甽”“故亩欲广以平，甽欲小以深”，即是说干旱的地方要种在平坦土地上，而多雨的地方种在高出地面的高畦上；做畦时要宽一些、平一些，排水沟要小而深。在播种方面有“慎其种，勿使数，亦无使疏”的记载，说明播种不可过稀或过密；“于其施土，无使不足，亦无使有馀”，是说覆土不可太厚或太薄。

2. 分批播种，育苗移栽

蔬菜分期播种、一年多熟的栽培方法早在东汉时代就已被采用。东汉崔寔撰《四民月令》(2 世纪中期)提到 20 余种蔬菜，其中瓜、芥、葵、大葱、小蒜、苜蓿等蔬菜在一年内记载了两次或两次以上的播种期。例如，在六月、七月都提到播芜菁，在六月、七月、八月都提到播小蒜等。通过分期播种，提高土地的利用率和延长供应期。东汉时代，不少蔬菜已实行移栽。《四民月令》有“正月别薤、芥，三月别小葱，六月别大葱，七月别薤，十月别大葱”的记载，这里提到的“别”即是移栽。

3. 瓜类嫁接，瓜类摘心

先秦时期的嫁接技术主要应用于果木生产，而到汉代时嫁接技术已被应用于蔬菜生产中。西汉氾胜之在《氾胜之书》(前 1 世纪后期)中详细记载了促进葫芦结大果实的嫁接方法，原文为“候水尽，即下瓠子十颗，复以前粪覆之。既生，长二尺余，便总聚十茎一处，以布缠之五寸许，复用泥泥之，不过数日，缠处便合为一茎。留强者，余悉掐去，引蔓结子。子外之条，亦掐去之，勿令蔓延”，就是说将十株瓠嫁接为一蔓，蔓上仅留三果，以十株之营养滋一蔓之三果，自然能求得大果。这也是我国文献中有关蔬菜嫁接的最早记载。西汉时代的先民通过精心观察和细致研究，已认识到摘心可以有效地控制株高，防止生长过旺，从而促进生殖生长。《氾胜之书》记载的种瓠法强调要“著三实，以马棰殻(què，从上击下)其心，勿令蔓延，多实，实细”，就是说一株葫芦蔓上结出三个果实时，就用马鞭打去蔓心，不让其继续生长，以免实多而小。

4. 渗灌节水

黄河流域气候干旱，为了节约用水，汉代就已开始在蔬菜栽培中使用渗灌技术。这种方法最早出现在《氾胜之书》中，记载的原文为“区种瓜，一亩为二十四科，……，以三斗瓮埋诸科中央，令瓮口与地平，盛水瓮中，令满；种瓜，瓮四面各一子，以瓦盖瓮口，水或减，辄增，常令水满”。该方法主要是利用了粗陶的渗透作用，以经常保持瓜田湿润，达到减少水分蒸发、节约用水的目的。

5. 保护地栽培

早在秦始皇时代，人们就开始利用临潼附近丰富的地热资源在冬天种瓜(应该是甜瓜)。在东汉班固撰(班昭续成)《汉书·儒林传第五十八卷》(前1世纪后期)中引用的东汉卫宏《诏定古文官书序》中说道“乃密令冬种瓜于骊山坑谷中湿处，瓜实成”，这是中国最早利用地形小气候于冬天种瓜，并获得成功的实践记录。到了汉代，利用人工小气候栽培蔬菜的技术业已出现。《汉书·召信臣传》记载了室内生火升温的温室栽培技术，“太官园种冬生葱韭菜茹，覆以屋庑，昼夜燃蕴火，待温气乃生”，这是最早的温室栽培记载。南北朝宋范晔撰《后汉书·皇后纪上·和熹邓皇后》(5世纪前期)则记载了利用地下火道加温的促成栽培法，采用“或郁养强孰，或穿掘萌芽”的办法，培育“不时之物”。当然,这些栽培法主要为官府所用。

三、魏晋南北朝时期

魏晋南北朝时期是中国历史上第一次大分裂的时期,北方长期处于战乱之中,农业生产虽受到严重影响,但战争带来的人口大迁移与民族大融合,也在一定程度上促进了各民族农业文化的交流,以种植业为主的农业结构和精耕细作的农业生产方式经受住了巨大的冲击并继续向前发展。农业科学技术巨著《齐民要术》(533—544 年)也在这一时期出现,这是世界农学史上最早的专著之一,是中国现存最早的一部完整的农书,全书 10 卷 92 篇,系统地总结了 6 世纪以前黄河中下游地区劳动人民农牧业生产经验、食品的加工与贮藏、野生植物的利用以及治荒的方法,详细介绍了季节、气候和不同土壤与不同农作物的关系,被誉为“中国古代农业百科全书”。

(一)蔬菜种类与品种

南北朝后魏贾思勰在其所著的《齐民要术》(6 世纪)中记载了栽培蔬菜 30 余种,与汉代的记载相比较,黄河中下游地区又增加了越瓜、胡瓜(黄瓜)、芦菔(萝卜)、菘(白菜)、芸薹、胡荽(芫荽、香菜)、兰香(罗勒)、芹、蘧、堇、胡葸(苍耳)、芡、蓴(莼菜),长江下游太湖地区增加的有苋和茭白,至此有记录可查的栽培蔬菜已达 40 种,分别隶属于现代农业生物学分类法的 12 大类,只有食用蕈菌尚未见栽培的记载。这一时期的主要栽培蔬菜因地区而异,黄河中下游是葵与芜菁,长江下游太湖地区是菘,西北一带是蓝菜。这一时期蔬菜的品种大大增加,以瓜类为例,仅依据《齐民要术》所引述的张揖《广雅》、郭义恭《广志》、陆机《瓜赋》等资料的不完全统计,瓜的品种就有 30 种,著名的产地有辽东、庐江、敦煌、蜀地等。葵的品种有丘葵、胡葵、紫茎、白茎、鸭脚葵等。

(二)蔬菜栽培技术

《齐民要术》论述了当时黄河中下游地区栽培的31种蔬菜的栽培技术，其要点主要是强调精耕细作，包括增加复种指数、提高土地利用率、精细整地、畦作、粪大水勤、适时中耕与收获等方面。

1.提高复种指数和土地利用率

当时蔬菜种类较多，播期有先后，生长期又较短，因此，周年蔬菜生产种收频繁，复种程度较高，生产实践中充分地运用了间作套种技术，大大提高了土地利用率。《齐民要术·种葵》中说“三掐更种，一岁之中，凡得三辈”，《蔓菁》中说“春夏畦种供食者与畦葵法同，剪讫更种，从春至秋得三辈”，都是一年内连续种植三次。这是复种的情形，至于间套作的情形，则有《种葱》中的记载，即“葱中亦种胡荽”。这样的多种种植方式，其复杂情况远远超过谷类作物生产，因此，蔬菜生产的土地利用率相当高。

2.播种技术和留种

强调要适时播种。在《齐民要术·蔓菁》中记有：“七月初种之，一亩用子三升；从处暑至八月白露节皆普遍，得早者作菹，晚者作干”，此处七月初系指中国农历。又如在《种葵》一章中写道：“早种者，必秋耕，十月末，地将冻，散子劳之；一亩三升，正月末，散子亦得；人足践踏之乃佳；践者，菜肥；地释即生，锄不厌数”，说明了近冬播种的方法，在土壤结冻之前播种，播种后要镇压；早春土壤解冻后，即可出土。《齐民要术·种瓜》中指出，“食瓜时，择美者收取”“收瓜子法，常岁岁先取本母子瓜，截去两头，止取中央子”“近蒂子，瓜曲而细，近头子，瓜短而㖞”“本母子者，瓜生数叶便结子，子复早熟；用中辈瓜子者，蔓长二三尺，然后结子；用后辈子者，蔓长足，然后结子，子亦晚熟”，说明了瓜的留种、选种的重要性。

3.精耕细作技术体系成熟

在蔬菜地的选择方面，《齐民要术》从“顺天时，量地利”的原则出发，强调要顺应天时，因地种植，尤其要选择较肥沃的土壤，例如瓜、葵、蔓菁、蒜、胡荽等都要求选择“良田”“良软地”种植，并且指出什么蔬菜种在什么地上产量高、品质好，否则产量、品质都受到影响。如《种蒜》中指出“蒜宜良软地，刚强之地辛辣而瘦小也，白软地蒜甜美而科大，黑软次之”；《种胡荽》中指出“胡荽宜黑软青沙良地”；《种薤》中指出“薤宜白软良地”。

栽培蔬菜要熟耕做畦。《齐民要术》特别强调菜地要早耕、多耕、细耕、细耙，达到精细。如种瓜要“刈讫即耕，频繁转之”；种蒜、胡荽等都要“三遍熟耕”；种姜最好“纵横七遍”等。《齐民要术》对做畦的具体技术要求做了较为详细的总结，强调为了便于灌溉和管理，菜畦要小，“畦长两步，广一步”“（畦）大则水难均，（畦小）又不用人足入”。根据《齐民要术》所记载，当时种多数蔬菜都要像种葵那样做低畦。对于栽培韭菜，强调畦一定要做得深，因韭菜每采收一次都要加粪，而且韭菜有“跳根”的习性。

在浇水方面，由于蔬菜大都柔嫩多汁，生长期中耗水量多，必须经常浇水。《齐民要术》讲到葵、韭等畦种浇水的要求，甚至种苜蓿也要“畦种水浇，一如韭法”。北方畦种大都采用井灌。

施肥方面，强调要施足基肥。基肥通常用大粪，粪肥要求腐熟，就是要用充分发酵了的粪，即“熟粪”。《齐民要术·种葵》中说“地不厌良，故墟弥善，薄即粪之，不宜妄种”。在做畦时，要“深掘，以熟粪对半和土覆其上，令厚一寸”。《蔓菁》中说“唯须良地，故墟新粪坏墙垣乃佳”，足见对蔬菜施基肥的普遍重视。也有用绿肥做基肥的，如先于菜地播种绿豆，至适当的时期进行压青，充作基肥。播种后还常施盖子粪,如"下葵子,又以熟粪和土覆其上,令厚一寸余"。蔬菜生长期中要施追肥,尤其是分批采收的蔬菜,如葵"每一掐,辄耙耧地令起,下水,加粪"、韭"治畦,下水,粪覆,悉与葵同",强调每次采收后都要"下水加粪"。在耕作方面,已注意到作物茬口及压绿肥肥田,在《种瓜》中说"良田,小豆底佳;黍底次之",叙述了以豆科为前茬好。《蔓菁》中说"取根者用大小麦底"。

4. 蕹菜的无土栽培

西晋嵇含撰《南方草木状》记载有"蕹,叶如落葵而小,性冷味甘;南人编苇为筏,作小孔,浮于水上,种子于中,则如萍根浮水面,及长,茎叶皆出苇筏孔中;随水上下,南方之奇蔬也"。

此外,这一时期还出现了"助苗出土技术""甜瓜引蔓技术"以及"促使莲子早发芽的技术"等。

四、隋唐五代时期

隋唐五代时期蔬菜栽培很受重视,在唐韩鄂《四时纂要》(9 世纪末或稍后)所记载的农事活动中,蔬菜和大田作物所占的分量很大。

(一)栽培蔬菜种类的变化

隋唐时期中国的蔬菜种类大为增加。茼蒿、甜菜、茴香、莴苣、菠菜、百合、枸杞、薯蓣、黄精、决明、牛膝、牛蒡、西瓜等是这一时期首次见诸史籍记载的栽培蔬菜。其中莴苣、菠菜、甜菜、茴香和西瓜是从国外引入的。另外,竹笋是先秦时期即已食用的蔬菜,五代后期,食用的竹笋种类已相当多,并已掌握了采收鞭笋的方法,说明这一时期竹笋的栽培已相当普遍。至此,现代农业生物学分类法的 13 大类蔬菜都已有了栽培,总数达 50 余种。在这些蔬菜种类中,约 1/4 的种类是隋以前所没有栽培的,包括菌、百合、枸杞、莴苣、黄精、决明、牛膝、牛蒡和薯蓣，其中有些菌以及百合、枸杞、牛蒡系中国原产蔬菜。这一时期各地的当家蔬菜基本上与前一时期相同。

(二)蔬菜栽培技术的成就

隋唐时期蔬菜栽培技术较以前有一定的进步，主要表现在以下几方面。

1. 培养食用菌

这一时期留下了人工培养食用菌的最早记载。《四时纂要·三月》记载有“种菌子，取烂构(一名楮)木及叶于地埋之，常以泔浇令湿，两三日即生；又法：畦中下烂粪，取构木可长六七尺，截断碓碎，如种菜法，于畦中匀布，土盖，水浇，长令润；如初有小菌子，仰耙推之；明旦又出，亦推之，三度后出者甚大，即收食之。本自构木，食之不损人”，从这段文字看，当时人们已经知道食用菌的生长需要有一定的温度、湿度条件，要选择适宜的树种，而且还知道保留小菌子以帮助菌种扩散生大菌的方法，这项技术是一个重要的突破。

2. 利用地热

前面已经提到了人们早在汉代就开始利用温室进行蔬菜的促成栽培。到了唐代，都城长安附近有比较丰富的地热资源，唐政府更设温汤监管理相关事务。据宋欧阳修等所著《新唐书·百官志》(1060年)记载的“庆善、石门、温泉等监，每监一人……；凡近汤所润瓜蔬，先时而熟者，以荐陵庙”，可见当时蔬菜促成栽培已颇具规模。又据唐诗人王建的《华清宫》诗曰，“酒幔高楼一百家，宫前杨柳寺前花，内园分得温汤水，二月中旬已进瓜”，可见当时促成栽培的效果也很不错。

五、宋元时期

宋元时期的社会经济生活繁荣，人们对蔬菜等园艺产品的需求不断增加，要求不断提高，蔬菜生产有了新的发展，生产技术也有了新的进步。

（一）蔬菜种类与品种的变化

宋元时期蔬菜种类繁多。在宋陈仁玉撰《菌谱》（1245 年）中就详细记载了 11 种菌的生长条件，这是中国最古老的食用菌专著。在宋释赞宁撰《笋谱》中描述了笋的习性及栽培方法。此外，根据宋吴自牧《梦粱录》（1274 年）的记载，南宋仅临安一地的蔬菜就有近 40 种。元王祯《农书·百谷谱》（1313 年）记载有常用蔬菜 30 多种，皆列有栽培方法。芥蓝、丝瓜、胡萝卜、豆芽菜、荸荠、慈姑、甘露子、蒟蒻（魔芋）、蒲（香蒲）、香菇、香芋是这一时期新增加的栽培蔬菜。这一时期，在各种蔬菜的类型与品种培育方面都取得了显著成就，其中较突出的是白菜、萝卜与莴苣。到这一时期为止，栽培的白菜（菘）都是不结球的，不过，在南宋时已出现了多种类型与品种，如耐寒性较强的塌地菘、较耐热的夏菘、蔬油兼用并以幼嫩的花茎入蔬的薹心等，因而在长江下游太湖地区，不结球白菜成了可以周年供应的当家叶菜。但是，在其他地区，特别是黄河中下游，葵仍然是当家的叶菜，被人们誉为“百菜之主”。这一时期培育了春种夏收、初夏种仲夏收的水萝卜，因而在长江以南广为栽培。不过在北方，芜菁仍然栽培较多，莴苣在隋唐时引入后，经过几百年的培育，到元代形成了中国特有的茎用莴苣变种——莴笋。

（二）蔬菜栽培技术的创新

1. 白菜黄化技术

白菜性喜冷但不耐冻，经受不了长期－5 ℃以下的低温。宋代的气候趋于由暖变寒，其温度比现在要低，冬季屡有严寒发生。人们为了保护白菜过冬，便采取白菜上盖草的措施。春天来临，人们发现白菜老叶虽枯萎了，而心叶却“黄白纤莹”，白嫩异常，口味大有改进。于是，在生产上有意识地盖草黄化，并赋之以“黄芽菜”之名。南宋《临安志》首次记载“黄芽菜”这一白菜品种，即“冬间取巨菜，覆以草，积久而去其腐叶，黄白纤莹”，这就是我国最早的白菜黄化技术。

2. 豆芽菜栽培技术

中国古代的蔬菜无土栽培，主要应用在豆芽菜的生产上。汉代已利用豆芽，当时称为“黄卷”，长沙马王堆西汉墓出土的竹简上有“黄卷一石”的记载。但最初的黄卷是从大豆初出土时取得，并非浸水发芽生成，用途主要是取其干制品做药剂。宋代始有用豆芽做蔬菜的记载。宋林洪《山家清供》(约13世纪中期)有大豆芽生产方法的记载，“温陵人，前中元数日，以水浸黑豆，曝之，及芽，以糠皮置盒内，铺沙植豆，用板压，及长，则覆以桶，晓则晒之，欲其齐而不为风日侵也”。当时称这种豆芽为“鹅黄豆生”，其方法是采用浸泡豆子，以糠和沙作为基质保水，常晒取暖，保持温度，放桶中勿令见风日。这说明当时已形成豆芽菜无土栽培的传统生产技术。

3. 育苗技术

蔬菜育苗措施在蔬菜栽培中占有重要的地位，而且中国农民多年来积累了许多经验。在宋陈旉《陈旉农书·善其根苗》(1149年)一篇中说“凡种植先治其根苗，以善其本，本不善而末善者鲜矣；欲根苗壮好，在夫种之以时，择地得宜，用粪得理，三者皆得，又从而勤勤顾省修治，俾无干旱乾水潦虫兽之害，则尽善矣；根苗既善，徙植得宜，终必结实丰阜；若初苗不善，方且萎悴微弱；譬孩孺胎病，气血枯瘠，困苦不暇，虽日加拯救，仅延喘息，欲其充实，盖亦难矣”，说明了培育壮苗对生长、结实的重要性。在育苗和带土移栽及移栽后提高成活率方面，元鲁明善撰《农桑衣食撮要》(1314 年)正月项记有种茄、匏(一种比葫芦大的瓜)、黄瓜、菜瓜的育苗方法，“此月(正月)预先以粪和灰土，以瓦盆盛，或桶盛储；候发热过，以瓜、茄子插于灰中，常以水洒之，日间朝日景，夜间收于灶侧暖处，候生甲时，分种于肥地；常以少粪水浇灌，上用低棚盖之，待长茂，带土移栽，则易活”，这里的“低棚盖之”，实际上就是现代所说的“冷床”，只是当时没有“冷床”这个名词，且已经懂得利用粪肥发酵热进行育苗。

到了元代，蔬菜播种已普遍采用了浸种催芽方法。元司农司撰《农桑辑要・莴苣》(1273 年)有“新添莴苣做畦下种，如前法(指菠薐法)；但可生芽，先用水浸一日，于湿地上铺衬，置子于上，以盆碗合之；候芽微出，则种；春正月二月种之，可为常食，秋社前一二日种者，霜降后可为腌菜；如欲出种，正月二月种之，九十日收”的记载，此处介绍了种莴苣时浸种催芽的方法，也介绍了莴苣的栽培方法。据有关资料考证，在《齐民要术》中曾讲述了种水稻时要浸种催芽的有关内容，从另一角度也说明了中国蔬菜栽培采用浸种催芽技术的时间其实更早。

4. 灰茭的防治

早在唐代灰茭就引起了人们的注意，陈藏器《本草拾遗》曾指出，茭白不少是“内有黑灰如墨者”的灰茭，当时称为乌郁，食用品质很差。到了宋代，在罗愿著《尔雅翼》中记载“植之黑壤岁久不易地”，说明此时人们已认识到乌郁的产生条件。南宋温革《分门琐碎录》中记载有防治法“茭首根逐年移动，生者不黑”，认识到了灰茭的形成与地力长期消耗有关，并提出采用分根繁殖的方法，改善茭的水肥条件，防止灰茭的产生，这是中国古代在利用微生物改善蔬菜品质上的一项重要成就。延至明代，除采用逐年移栽外，还配合深栽，并用河泥壅培根际，能更有效地防止灰茭的出现。

5. 食用菌人工接种

食用菌的人工栽培在唐代《四时纂要》已有记载，但只是利用天然菌孢子的自身扩展，至宋元时期，人工接种的方法已经出现。在王祯《农书·百谷谱四》记载有“经年树朽，以蕈碎剉，匀布坎内，以蒿叶及土覆之，时用泔浇灌，越数时，则以槌棒击树，谓之‘惊蕈’；雨雪之馀，天气蒸暖，则蕈生矣”，这里所说的“以蕈碎剉，匀布坎内”就是人工接种，这一技术上的突破，加速了后世食用菌培育技术与生产的发展。

6. 软化栽培和阳畦栽培

北宋时期已产生了韭黄软化促成技术。庆历时梅尧臣在《宛陵文集》卷 11 中记录有描写汴京卖韭黄的诗《闻卖韭黄蓼甲》，文曰“乃知粪土暖，能发萌芽春”，诗中所提到的韭黄是冬天用粪土栽培的。南宋时的韭黄生产已扩展到浙江杭州、四川新津、江西庐陵等地。元代王祯《农书·百谷谱五》记载了培植韭黄的具体方法：“至冬，移根藏于地屋荫中，培以马粪，煖而即长，高可尺许，不见风日，其叶黄嫩，谓之韭黄，比常韭易利数倍，北方甚珍之。”元代已开始建立风障阳畦植韭。王祯在《农书·百谷谱五》中说，“就旧(韭)畦内，冬月以马粪覆之于迎阳处，随畦以蜀黍篱障之，用遮北风；至春，其芽早出，长可三二寸，则割而易之，以为尝新韭”，这一技术简便易行，且蔬菜还可提早上市。

六、明清时期

明中叶以后，随着商品经济的发展，商品性蔬菜生产基地随之兴起，蔬菜栽培技术也有了明显的进步。

(一)栽培蔬菜种类与品种的变化

1.白菜、萝卜成为主要栽培蔬菜

南北朝时,中国栽培的蔬菜以葵和蔓菁为主,当时白菜和萝卜虽有栽培,但所占比重很小。这由贾思勰《齐民要术·种葵》篇中可见。到宋代,白菜和萝卜逐渐受到重视,但元代的《农桑辑要》和王祯《农书》中虽记述了葵,但未提到白菜。到明清时期,大多数文献在记述蔬菜时,只提及白菜和萝卜,而不提葵和蔓菁。李时珍《本草纲目》(1578年)将葵编入草部,并且特别注明是"白菜部移入此",理由是"古者葵为五菜之主,今不复食之,故移入此"。

明清时期,白菜的地位上升是与其品种大量增加紧密相关的,尤其是15—16世纪太湖地区结球白菜的培育成功,更是这一时期蔬菜栽培的重大成就。如根据成化《杭州府志》、万历《秀水县志》、康熙《仁和县志》、咸丰《南浔镇志》、同治《安吉县志》《菽园杂记》《便民图纂》等记载,当时的白菜品种主要有瓢儿菜、矮青、箭杆白、乌菘菜、塌棵菜、长梗白、香青菜、矮脚白、薹菜等。由于白菜品种多,四季可种,加上结球白菜品质好、产量高,因而很受欢迎,并最终成为人们生活中的主要蔬菜。

2.国外蔬菜的引进

辣椒、番茄、马铃薯、菜豆、南瓜等均非中国原产,自16世纪下半叶至17世纪末,随着中外经济和文化交流的发展,它们被很快引入中国。根据研究,南瓜首见于《本草纲目》;辣椒最早见于明高濂《遵生八笺》(1591年)和《草花谱》(16世纪后期),被称为"番椒";番茄最早见于明朱国桢《涌幢小品》(1621年)和明王象晋《群芳谱》(1621年),起初被当作观赏植物,后来才用作蔬菜;马铃薯首见于康熙年间福建省《松溪县志》;菜豆首见于清张宗法《三农纪》(1760年);洋葱首见于清吴震方《岭南杂记》(18 世纪)，先是由欧洲引入澳门，然后再引入广东内陆；荷兰豆最早见于乾隆年间福建省《泉州府志》，当时还是刚开始引入，至道光年间已是“遍岭海皆有之”(道光《白云・越秀二山合志》卷 43，志蔬药)。国外蔬菜的引进，大大丰富了中国的蔬菜品种。

此外，甘蓝类蔬菜也在此期间引入。“甘蓝”一词早在唐代的《本草拾遗》中已见著录，唯其“阔叶可食”四字很难判断它是什么植物。至明代，《本草纲目・草部》虽记有“甘蓝”一物，但从所述性状看，似《务本新书》中所说的蓝菜，而非现在的甘蓝类蔬菜。清吴其濬《植物名实图考》(19 世纪中期)卷四记载的蔬菜中有甘蓝，从其所绘的图及描述看，应是指球茎甘蓝。球茎甘蓝产于北方，土名“玉蔓菁”。至于结球甘蓝，在清方式济《龙沙纪略・提要》中所记述：“老鎗菜，即俄罗斯菘也，抽薹如莴苣，高二尺馀，叶出层层，删之其末，层叶叶相抱如毬，取次而舒，已舒之叶，老不堪食，剖毬烹之，略似安肃冬菘；郊圃种不满二百本；八月移盆，官弁分畜之，冬月苞纸以贡。”在清西清撰《黑龙江外纪》中还说：“有蔬类莴苣，而叶深碧，上有紫筋，名老羌白，其种自俄罗斯来。”从以上记述说明，甘蓝确经由沙俄传入中国黑龙江省，这是结球甘蓝的引入途径之一。另有从中亚细亚由新疆天山南路传入的，清代在西北各地得到缓慢发展。

3. 几种新发展起来的蔬菜

(1)马铃薯：于 15 世纪从美洲新大陆带来，清吴其濬《植物名实图考》(19 世纪中叶)曰：“阳芋黔滇有之，绿茎青叶，叶大小、疏密、长圆、形状不一，根多白须，下结圆实，压其茎则根实繁如番薯，茎长则柔弱如蔓，盖即黄独也。疗饥救荒，贫民之储，秋时根肥连缀，味似芋而甘，似薯而淡，羹臛煨灼，无不宜之。叶味如豌豆苗，按酒侑食，清滑隽永；开花紫筒五角，间以青纹，中擎红的，绿蕊一缕，亦复楚楚，山西种之为田，俗称山药蛋，尤硕大，花白色，闻终南山岷，种植尤繁，富者岁收数百石云。”记载了马铃薯在中国的栽培省份，以及其根、茎、叶、花、地下茎的形态。

(2)水芹：先秦时期的文献已提到以水芹入蔬，其栽培至晚清时始见记载。光绪三年(1897 年)广西《容县志》有“芹，种陂塘者为水芹”的记载。

(3)荸荠：古已有之，但以采食野生者为主，南宋时始见栽培。晚清时人工栽培有大量发展。同治十一年(1872 年)《衡阳县志》记载有“(荸荠)初无之，近岁大盛”。1930 年浙江《遂安县志》记载有“(荸荠)清末始盛”。

(4)乌菜：普通白菜的一种，产于安徽省江淮地区，明代安徽府县志中已见著录。清末光绪十九年(1893 年)安徽《五河县志》记有：“菊花青，或曰菊花心，亦有两种，春种者曰乌菜，味清淡，冬种者曰菊花青，叶厚茎圆而攒聚如菊瓣，味浓而美，霜雪不凋，远近争购之。”

(5)茎用芥菜：芥菜的一个变种，是制作榨菜的原料，清末育成。光绪二十六年(1900 年)四川《南溪县乡土志》记载：“青菜，有弘干、扁干二种……又一种菱角菜，叶不可食，茎之四周凸起如菱角形，嫩而脆。”清后期育成的还有叶用芥菜，当时称包心芥，见之于清末成书的四川省农书《老农笔记》，文中所记载的“青菜”即指包心芥，“青菜……如俗人所称包包菜也者，则指其能包心而言”。1948 年《醴陵县志》记载：“青菜即芥也。”

(二)栽培技术的改进

1. 豆芽菜生产技术

培育豆芽作为蔬菜的技术起始于宋代，明代以后，豆芽菜的生产发展很快，在种类上除黄豆芽以外，还有绿豆芽，明俞贞木《种树书》

(14 世纪)已有明确记载。在生产技术上,早期生产豆芽菜系用米糠和沙作为基质,以后发展为不用基质。然而纵观古籍中叙述的生产豆芽菜的方法,不管是否采用基质,生产原则概括起来不外乎三点:不见风日、供应适量的水分和保持一定的温度。

2. 早春蔬菜冷床育苗

明代育苗移栽已是蔬菜栽培中普遍采用的方法,《便民图纂》(1502 年或稍后)中共记述了 40 余种蔬菜的栽培方法,其中半数以上采用育苗移栽,而且不仅有喜温的春播蔬菜,也有喜冷凉的秋播蔬菜,但文献中对具体方法均未做说明。

在清代杨巩编《农学合编·番椒》(19 世纪末)引述的《种植新书》中已出现"苗地"这一名称,而且对早春培育辣椒的苗地,注意到整地要精细,选地要肥沃、高燥,苗地要施基肥,并明确指出早春培育喜温蔬菜的秧苗时,苗地上要搭棚保护秧苗。由于当时搭棚所用的材料是不透光的"草",所以出苗后,遇上不晴朗的日子,应揭去覆草,保证光照时间。

3. 瓜类整蔓

清祁寯藻《马首农言》(1836 年)发展了瓜类作物的整蔓技术,指出"葫芦切去正顶,瓠子独留正顶,甜瓜则又切其正顶,留其支顶,见瓜又切其支顶,切时必正午方好;黄瓜任其支蔓,不用切顶"。说明当时已掌握了各种瓜类作物的结果习性,并分别采取不同的整蔓方法。如对侧蔓结果的甜瓜,采取摘心法促进多生侧蔓多结瓜的技术。显然,这种技术比《齐民要术》记载的使甜瓜攀缘在谷茬上多结瓜的办法有所进步。

4. 火室火坑的推广应用

早在汉唐时期已有利用温室栽培蔬菜的记载,但具体方法不详。

直到明中叶以后，文献中才有比较具体的火室火坑生产黄瓜、韭黄等的记载。如谢肇淛《五杂俎》中说："京师隆冬有黄芽菜、韭黄，盖富室地窖炕中所成，贫民不能办也。今大内进御，每以非时之物为珍，元旦有牡丹花，有新瓜，古人所谓二月中旬进瓜不足道也，其他花果无时无之盖置炕中，温火逼之使然，然经年树即枯死，盖其气为火所伤故也。"火室火坑除用于生产蔬菜外，也可生产果品和花卉，这在当时有很多记载，如李时珍《本草纲目》中的"菘（白菜）"，徐光启《农政全书》中的"果蔬"，王象晋《群芳谱》中的"芫荽""韭黄"。

（三）蔬菜病虫害的防治

明清时期蔬菜病虫害的防治又有进一步的发展。徐光启在《农政全书》中指出，"（蔓菁）遇连日阴雨，易生青虫，须勤扑治"，虽然所述防治方法仅仅是人工捕捉，但已注意到菜粉蝶幼虫的出现与气候条件有一定关系。清张宗法《三农纪》（1760 年）说"凡菜生虫，用苦参根浸水泼，百部水亦可，或撒石灰"，说明当时已注意到用药物防治蔬菜害虫。

（四）蔬菜科技的引进及科教事业的开展

甲午战争（1894—1895 年）以后，中国各地开始筹办学堂和设立农事试验场，编译西方农业科技书籍。1896 年，清政府设立官书局，园艺方面的科技书籍开始翻译传入中国。《农学报》译载的《蔬菜栽培法》《甘蓝栽培法》等在中国产生了较大的影响。进入 20 世纪，上海新学会社编译了《蔬菜栽培学》《蔬菜教科书》等，其内容体现了近代蔬菜科技的特点，对促进中国近代蔬菜科技的产生和发展，培养中国近代蔬菜科技人才起到了重要作用。这期间，各地兴办了一些试验机构，如直隶农事试验场（1902 年）、山东农事试验场（1903 年）、奉天农事试验场（1906 年）、黑龙江省农林试验场（1907 年）、吉林农事试验场(1908 年)、中央农事试验场(1908 年)等,开始了以引进国内外蔬菜新品种试种为主的科学试验活动。

七、民国时期

开办农业学校和建立试验农场,讲授和引进西方近代园艺理论及技术,是民国初年近代园艺科技在中国起步的一项重要内容。1916 年,全国省级以上的综合试验场已有 18 所。与此同时,中国选派了部分科技人员去国外深造,1917 年吴耕民先生赴日本兴津园艺场深造。到 1937 年,中国设立园艺系科的高等农业院校,已从 1927 年的 5 所发展到 12 所,如北京农业大学、中山大学、金陵大学、东南大学、浙江大学、岭南大学、四川大学、浙江大学等,并设立了园艺试验场。这些大学和试验机构虽然均处于初创阶段,但却标志着中国蔬菜园艺事业开始从传统的经验农业向近代实验农业转变。

1929 年春,吴耕民、管家骥、胡昌炽、章文才等酝酿成立中国园艺学会。1930 年春,中国园艺学会正式成立,《中国园艺学会会报》《园艺月刊》《中国园艺专刊》等学术期刊出版。龚蕨民、黄绍绪、吴耕民等编著的《蔬菜园艺学》等我国最早一批蔬菜园艺教科书于 1929—1936 年陆续出版。这些都标志着我国近代蔬菜园艺科学进入一个学科逐步形成的新时期。

民国初期,刚刚建立起来的农业研究机构和农业院校比较注重蔬菜生产技术的推广和保护地促成栽培的研究,在一定程度上缓解了当时蔬菜供应的匮乏。同时,在基础研究、栽培技术和良种繁育等方面也取得了一些成果。但这种良好的发展势头,却因为战争而遭到破坏,中央大学、金陵大学等部分设有园艺学科的高校迁入西南地区,在西南后方先后设立 9 所农业高校。部分蔬菜科技人员投奔解放区。他们在十分困难的条件下开展蔬菜科研和教学工作。抗战胜利后，在南京、北京、浙江、广东、江苏、山东等地区恢复建立农业试验场（试验所）。在金陵大学、中央大学、四川大学等23所高校设园艺系，但规模较小，试验设备落后，科研经费十分微薄。到1949年，23所院校园艺专业每年毕业的学生仅200余人。

民国时期蔬菜科技的进步表现在以下几方面。

（一）施肥技术

吴崍在所著《蔬菜栽培新法》（1913年）中对中国常用的农家肥进行了氮、磷、钾及有机物含量的理化分析，为蔬菜科学施肥提供了科学依据。同时指出，中国传统的灰肥（大粪）、厩肥与草木灰相混的混合肥料，造成了氮素损失，肥效降低，是不科学的。科技工作者还对氮、磷、钾三要素的不同作用进行了阐述，指出“叶菜类多施氮肥，叶片柔嫩多汁。果菜类多施磷肥，则成熟提早。薯类多施钾肥，块形整齐，品质优良，耐贮藏……”，为指导农民科学施肥提供了依据。

（二）轮作复种

民国时对中国长期停留在经验上的轮作复种进行了理论上的分析。吴崍指出，“夫蔬菜易遭病虫，且有厌性，苟不交换其地，年年连作，则厌性易生，即病虫之遗传亦难于驱除矣”，这里所说的“厌性”，是指根系分泌物对其自身生长所产生的抑制作用。陆费执在《中国园艺学》（1926年）中进一步从理论上明确：蔬菜不单要进行轮作，而且在茬口上必须以不同科之蔬菜相接才能起到轮作杜绝病虫害的作用。周开惠《蔬菜轮作问题》（1932年）、李醒愚《蔬菜栽培的研究》（1931年）及一些地方志中记载了菜—粮、菜—菜、菜—棉等间、套、复种方法。如胡瓜—芜菁，豌豆—玉米（畦上）—白菜，菜豆—玉米（畦上）—芜菁，茄子—苋菜，豇豆—苋菜，辣椒—苋菜，瓠子—小白菜，棉花—西瓜、甜瓜、豇豆间套种等，以及珠江流域一年四收（粟—大麻—

水稻—萝卜)的种植方法。

(三)保护地栽培

民国时期在发展保护地蔬菜生产的过程中,一些科技书籍相继出版发行,如徐友文《茄子促成栽培法》(《农林新报》,1936 年)、尤孝榛《番茄、胡瓜促成栽培之技术谈》(1937 年)等,详细介绍了温室栽培中的育苗、移栽、授粉、肥水管理以及温度控制等具体技术要求,反映了民国时期促成栽培技术研究的状况。

(四)病虫害综合防治

民国初期,中国植保界投入了相当多的力量从事病虫害防治研究。1936 年出版的《农报》第 3 卷第 6 期在《蔬菜害虫》一文中介绍了大猿叶虫、小猿叶虫、地老虎、菜蚜、守瓜虫、菜螟等害虫的防治方法,防治菜蚜可喷洒石油乳剂 50～100 倍液,喷洒 60 倍肥皂液或 160 倍除虫菊皂液,以及利用蚜虫天敌等措施;防治地老虎可在播前用杂草堆于田畦诱杀幼虫,毒饵诱杀,虫害盛期灌水入田,当虫避水爬出地面时捕杀等措施。1938 年,广西的柳支英、严家显研制出一种木制胶箱,用以黏杀蔬菜害虫黄条跳甲,除虫效率达 60%～80%。

在病害防治方面,《农报》(1934 年)载文提出了白菜根瘤病、白腐病和根腐病的防治方法:在根部施入硫黄或木灰;种子用 0.5%硫酸铜溶液处理;喷洒波尔多液。1935 年,管家骥提出甘蓝根瘤病、黑腐病的防治方法:烧毁病株,避免连作,在染病菜地上使用过的农具要清洗消毒等。在当时化学农药工业还不发达的情况下,科技工作者研究提出采用经济、实用的种子处理,人工捕杀或诱杀,喷施植物农药,避免连作,烧毁病残株等综合防治措施,均取得了良好的效果。

1942 年凌立、林开仁开展了茄科蔬菜炭疽病病菌的研究,搞清了成都地区为害辣椒、茄子、番茄等果实的炭疽病属于同一菌源，为该病的防治提供了依据。说明农业科技工作者已开始进行有关蔬菜作物病原菌鉴定方面的研究。

总之，中国蔬菜经过几千年的栽培实践，培育了丰富多彩的种类与品种，经过长期不断地选优汰劣，至明清时期，已基本奠定了当今栽培蔬菜种类结构的格局。长期的蔬菜栽培实践中还创造、积累了丰富而独特的经验，成为中国农业宝库中的珍贵遗产。客观地说，基于科技水平的限制，有些蔬菜生产技术，特别是一些特殊技术，普遍存在费工、费时、效率不高的缺点，但也应该肯定，有些蔬菜生产技术在今天仍有实用价值，只不过需要我们用现代科学的原理加以总结和提高。

八、新中国成立以来

新中国成立后，为了保证城市供应，政府十分重视蔬菜生产，为发展蔬菜生产制定了一系列方针政策和措施，从中央到地方建立了蔬菜生产、销售的领导机构，建立了蔬菜研究、技术推广、种子管理、生产资料、植物保护等专业机构，为蔬菜生产服务。在农业大专院校设立了蔬菜专业，加强蔬菜专业技术人才的培养。蔬菜栽培技术从个人的技术经验局限中，走向科学的、综合集成的、发展提高的新阶段。这一时期我国蔬菜事业发展大致可分为三个阶段：第一阶段是新中国成立初期至 20 世纪 70 年代中后期，受时代影响，此阶段中国蔬菜事业处于探索总结与研究阶段；第二阶段是 20 世纪 70 年代末至 80 年代末，此时原农业部设立“948”等农业重点项目，科技部将蔬菜科研列入国家科技计划，部分蔬菜高新技术项目列入“863”计划，部分蔬菜基础研究项目列入“973”计划，国家设立自然科学基金，蔬菜科研进入重要发展阶段；第三阶段是20世纪90年代以后，我国积极协调人口与资源、发展与环境、数量增加和质量提高的矛盾关系，启动“菜篮子工程”，实施供给侧结构性改革、乡村振兴建设，一系列政策的出台推动了我国蔬菜市场供销两旺的局面，中国蔬菜产业进入了蓬勃发展阶段。

此时中国在蔬菜科技发展与进步上主要表现在以下几方面。

(一)系统总结蔬菜栽培经验

新中国成立后，依据政府对科技人员要面向生产、面向基层的要求，以及总结农民经验为蔬菜生产服务的精神，科技、教学人员下乡蹲点，调查研究，总结蔬菜生产能手的经验，取得了很好的效果，为蔬菜科学技术的发展与提高打下了基础。各地都对当地蔬菜丰产栽培、早熟栽培、传统保护地栽培、育苗技术、采种技术、菜病虫害防治以及蔬菜贮藏技术等，特别是对一些蔬菜生产技术能手进行了深入系统的调查总结。如北京、天津、河北、山东大白菜丰产栽培技术，山东大蒜、生姜栽培技术，北京、天津、大连、广州黄瓜早熟栽培技术，河南、湖南冬瓜栽培技术，北京、山东的萝卜栽培技术等。在调查总结的基础上，各地科技、教学单位经过系统整理，结合蔬菜生理等理论知识，编写出版了大量的蔬菜栽培技术书籍，普及推广先进的蔬菜栽培生产技术。这些经验的总结对迅速发展的蔬菜生产发挥了重要作用，也对教学和科学研究的提高有很大帮助，一些单位开展了蔬菜生物学特性、产量形成、群体结构、育种育苗、病虫害综合防治、生长调节剂应用等方面的研究，全国各地还开展了丰产试验，丰产纪录层出不穷，从而大大地推动了蔬菜生产。此后在有关管理部门的支持下，先后组织了北京、天津、西安、沈阳、上海等17个城市的大白菜、番茄等高产协作组，长江流域蔬菜高产协作组、夏淡季蔬菜栽培协作组、塑料大棚蔬菜栽培协作组等,总结丰产经验,推广先进技术,对大面积蔬菜生产的提高,起了很好的作用。

(二)种质资源的整理和新品种引种

中国幅员辽阔,地跨温带、亚热带、热带,地形复杂多样,具有不同的海拔高度,形成了平原、丘陵和高原。由于不同温、光、水、气条件和各种地形的交互,形成了多种多样的气候类型,再通过长期的历史进程中各种蔬菜作物的滋生、繁衍,劳动者的辛勤耕耘以及自然和人为的选择,中国蔬菜种质资源十分丰富,其中50多种蔬菜起源于中国,大量的农家品种是我国的宝贵财富。为了防止这些资源的丢失,从20世纪50年代初开始,国家已进行了多次蔬菜品种资源的调查整理、研究和利用工作,目前搜集、整理、入库蔬菜种质资源3.5万余份,大部分为地方品种。其中,有许多是世界上独一无二的变种和类型,仅芥菜就有大头芥、笋子芥、茎瘤芥、抱子芥、大叶芥、小叶芥、白花芥、花叶芥、长柄芥、凤尾芥、叶瘤芥、宽柄芥、卷心芥、结球芥、分蘖芥、薹芥16个变种,莴苣中的茎用莴苣、豇豆的长豇豆均为中国特有;许多是具有优良性状的种质,如抗霜霉病、枯萎病等的黄瓜种质,耐抽薹、抗病虫的白菜种质,抗青枯病、单性结实的茄子种质等。这些种质有助于进行基于各种目的的新品种选育以及细胞学和分子生物学的研究。在大量种质资源的基础上,通过鉴定评价,发掘、创新出了大批在实践中被应用的优异种质、骨干亲本。新的遗传资源的引种对蔬菜育种及生产是最易见效的措施,特别是国外品种资源的引种,对丰富中国蔬菜基因库、提高育种水平、增加蔬菜花色品种,效果显著。20世纪50年代起,中国陆续引入番茄、甘蓝、花椰菜、甜椒、洋葱、西葫芦、胡萝卜、豌豆等一大批国外品种,近年引入春种大白菜、西洋芹菜、青花菜、嫩荚豌豆、结球莴苣、菊苣、彩色甜椒等蔬菜品种。

如国外引进的菜豆供给者，番茄强力米寿、卡罗索、圣女等品种，已在生产上广为应用；荷兰彩色甜椒品种白玉、紫贵人、加西亚等在大型温室和不少科技示范园中种植；少刺小黄瓜品种 MK160、戴多星等也在生产上推广应用。还有不少新引进的过去很少种植的蔬菜，如羽衣甘蓝、抱子甘蓝、根芹、球茎茴香、京水菜、苦苣、鸭儿芹等，也正在逐渐被接受。这些种质资源大大丰富了国内市场蔬菜供应的种类和品种。另外，从国外先后引进一批具有优异基因的材料，如含有抗烟草花叶病毒、枯萎病、叶霉病基因的番茄；黄瓜雌性系；胡萝卜、洋葱雄性不育系；辣（甜）椒优质、抗病材料等。这些具有抗病或抗逆基因、早熟性、优质、适于加工等优良性状的育种材料，对提高中国蔬菜育种水平起到了促进作用。此外，还引入一些对中国蔬菜研究有用的材料，如研究番茄花叶病毒（ToMV）株系分化的 GCR 系统番茄材料，含有 *nor*、*alc* 和 *rin* 迟熟基因和单性结实等特征的番茄材料等，对中国蔬菜有关问题的研究起到了积极的作用，同时也进一步推动了国内蔬菜育种工作者对各种蔬菜的研究和开发，缩小了与国外蔬菜种质资源和遗传育种科研水平的差距。据有关资料估计，中国先后通过多种途径引入国外蔬菜资源达两万份以上。

（三）蔬菜育种与杂种优势利用

中国蔬菜育种工作在 20 世纪 50 年代末才逐步开展，根据育种目标采用单交、复合杂交、世代分离、自交选育、品种比较等培育新品种。育种工作开始比较早的有番茄、茄子、甜椒、黄瓜、萝卜等蔬菜，并于 20 世纪 60 年代中期选育出一些新品种，如早粉 2 号、沈农 4 号、农大 23 番茄、农大红萝卜，以后又相继育成了津研黄瓜、之豇豇豆、番茄、甜（辣）椒、菜豆、芹菜、莴苣等一批优良常规品种，这些品种在蔬菜生产上发挥了重要的作用，不少品种成为优良育种亲本，但常规品种整齐度、抗性、产量等优势都有一定限度，并且较难保护品种的所有权。20世纪90年代初，一些研究单位开展了蔬菜杂种优势利用研究，陆续育成甘蓝、黄瓜、大白菜、白菜等蔬菜一代杂种，并进育出甘蓝、白菜、大白菜自交不亲和系、雄性不育两用系和黄瓜雌性系，此后在茄果类、瓜类，葱类、菜薹类、甘蓝类、芥菜类、根菜类等多种蔬菜中均选育出一代杂种。目前，杂种优势育种已成为中国蔬菜育种的主要途径，对提高蔬菜生产水平发挥了重要作用，此外，萝卜胞核互作型雄性不育系、结球白菜显性核不育互作型雄性不育系、甘蓝显性核基因雄性不育系的选育达到国际先进水平。韭菜、大葱、辣(甜)椒、胡萝卜等雄性不育系和菠菜雌性系的选育也取得可喜的进展。20世纪70年代末，根据蔬菜病害严重发生的情况，以及蔬菜育种工作发展的需要，全国开展了白菜、番茄、黄瓜、辣(甜)椒、甘蓝等主要蔬菜抗病育种工作。首次采用室内人工接种鉴定技术，同时与田间观察相结合，以提高抗病性鉴定的准确性及育种频率，并结合进行主要蔬菜产区病原菌种群及生理小种(株系)分化的研究，为抗病育种提供依据。我国杂种优势育种已在30余种蔬菜中得到应用，大白菜、甘蓝、辣椒、番茄、黄瓜、茄子、西瓜、甜瓜等主要蔬菜新品种90%以上是杂交种。单倍体育种和分子标记辅助育种已在大白菜、番茄、黄瓜、辣椒、甘蓝等主要蔬菜育种实践中广泛应用，大大提高了育种效率。

(四)蔬菜栽培技术成果

各种类型塑料拱棚栽培、地膜覆盖栽培、节能日光温室栽培、避雨遮阴栽培、无土栽培、工厂化育苗、高山高原夏季冷凉地区蔬菜栽培等技术的研发成果，对提高蔬菜单位面积产量、效益，节能节水节肥，促进蔬菜周年供应发挥了重大作用。

1.设施蔬菜技术大幅度提高

20世纪50—60年代,在总结农民经验的基础上,设施栽培推广应用了改良式玻璃温室、玻璃窗覆盖阳畦或温床,以及风障、草席等简易覆盖。随着农用塑料薄膜的生产,设施栽培发生根本性的变化。60年代末,长春等少数地区开始使用塑料大棚生产蔬菜,取得了很好的效果。70年代中期在全国,特别是中北部地区推广,并逐渐分化出大、中、小棚,使蔬菜的栽培及供应期提前或延后,缓解了春、秋淡季的蔬菜供应矛盾,同时质量也有明显提高。经过几十年的发展,目前用于各种塑料棚栽培的棚架、薄膜及其他配套材料都有很大改进和提高,塑料拱棚已成为中国设施栽培的最主要的形式。20世纪80年代末至90年代初,高效节能型日光温室首先在辽宁省鞍山市海城市和大连市瓦房店市试验成功,实现在北纬40°～41°地区的严寒冬季,在设施内不借助辅助加温生产喜温蔬菜的良好效果,大大丰富了中北部地区春、冬季节蔬菜的供应。目前节能型日光温室已逐步形成了多套规范化设计,并通过相应的新型保温材料、配套设备的开发,进一步提高了节能型日光温室的生产水平,与此同时,塑料遮阳网等新型覆盖材料的使用,可以起到降温、遮光、防暴雨、抗冰雹及早春防霜冻的效果,已在广大菜区夏季栽培中广泛应用。在北方设施蔬菜栽培迅速发展的同时,中国热带、亚热带设施蔬菜栽培在海南、广东、广西、云南、福建和四川、贵州、湖南南部及台湾也迅速得到发展,这对解决蔬菜夏、秋淡季和发展冬春早熟栽培,以及夏、秋季育苗等都发挥了很好的作用。

2.地膜覆盖技术的引进与推广

蔬菜地面覆盖栽培在中国有悠久的历史,覆盖物主要是稻草、秸秆、马粪、砂石等。20世纪60年代曾在一些科研和推广部门用废旧棚膜进行覆盖试验，观察到促进土壤增温、保墒，促进蔬菜早熟、高产的作用明显，但由于当时覆盖材料的限制未能推广。1978年经考察从日本引进地膜覆盖栽培技术，并首先在10多种蔬菜栽培上应用，取得了早熟、增产、增收的效果。在此基础上，有关单位对制膜、覆盖方式、覆盖效果、增产机理、杂草防治、施肥和浇水方式等进行了试验研究，并大面积推广，形成了小高畦覆盖栽培的基本模式。同时工业部门也研制出微薄地膜、除草膜、黑白膜、银灰膜、光降解膜等不同用途的地膜。通过地膜覆盖栽培，在蔬菜种植中普遍取得提早成熟、增加产量、提高品质、节水抗旱、消除杂草、管理简便、节省劳力的效果，已成为露地蔬菜栽培重要的技术措施，同时在设施栽培中也广为应用。

3. 无土栽培技术引进与应用

20世纪30年代少数国家在试验室或小规模地开始使用营养液栽培植物，直至第二次世界大战以后才出现规模化蔬菜无土栽培。中国在60年代参照国外一些经验，少数单位在试验室或温室中开始进行小规模的试验。70年代初，山东农业大学及北京农业大学进行了实用性蔬菜的无土栽培试验。随着设施栽培的迅速发展，蔬菜无土栽培也作为新的配套技术，在北京、南京、上海、广东、黑龙江等地部分温室中示范推广，并在南极、边疆、海岛等特殊地区应用。从国内外应用无土栽培的结果看，一般都表现出了高产、质优、营养、节水、省工、省力、清洁、易管的优点，更重要的是有利于避免连作障碍，防止土传病害而达到持续增产的目的，目前我国采用的无土栽培蔬菜方式有袋培、雾培、槽培。

4. 蔬菜病虫害防治科研

目前，已基本查明了我国主要蔬菜病虫害的种类与分布；揭示了主要蔬菜病毒病、疫病、根结线虫病、枯萎病、灰霉病、粉虱、蓟马、小菜蛾等重大病虫害的发生为害规律以及暴发机制；研究集成了多种病虫害综合防控技术，大大降低了病虫害对蔬菜的危害，促进了蔬菜的绿色生产。

第三章

近现代承德蔬菜产业发展

一、承德蔬菜初期探索阶段

(一)承德蔬菜事记

1949年以前,由赤峰园艺场管理承德试验场,承德试验场管理各县苗圃,其中的大石庙苗圃就是现在的承德市农业农村局所在地。1949—1952年,农民实行均田制,蔬菜生产热情高涨。1949年,承德市人民政府建设局农林科曾在双塔山苗圃即滦河试验场抓蔬菜生产。1951年,承德开始学习推广苏联无臂犁和马拉双轮双铧犁深耕土地。1953年,承德市郊南菜园村、水泉村等几户村民搞起了玻璃立窗式土暖窖(初级温室),市政府对各户及刚组建的互助组给予马拉链式水井、犁、铧、锨、镐、马拉双轮双铧犁等农用工具的奖励。1953年,蔬菜生产由市场型向计划型发展。1954年,中央提出向科学进军和四个现代化口号,开始了第一个五年计划,人民基本结束了糠菜半年粮的生活。1955年,喇嘛寺民兵连长王贵甫出席国务院召开的蔬菜生产先进单位会议,周恩来总理亲自给他颁奖。1956年,承德已全部实现了农业合作化,同时组建供销合作社。1957年,王兆禄同志在滦河首先推广阳畦马粪温床育苗生产甘蓝。1958 年,承德市人民政府在蔬菜供应方面获得周恩来总理亲发的奖状。1959 年,丰宁县大阁公社大粪专家孙喜创造的人粪尿窖式发酵、粪便无害化处理技术在全区推广,这年承德市兴建加温温室达 229 间。1960 年,兴隆县推广建设北京改良加温温室 36 间,开始推广阳畦和温室育苗。这年国家出现了经济困难,食品供应紧张,各市、县、区都成立了生活办公室,全党抓"低指标,瓜菜代",其间,蔬菜种植以种高产菜作物和品种为主。1962 年,取消了 1960 年开始兴起的自由市场。平畦(冷畦)、阳畦(热畦)是为了满足蔬菜作物生长期需要而采取的主要育苗措施,是我国劳动人民与大自然做斗争的产物,应用历史悠久。1962 年,承德废弃以大槽子畦(冷畦)育苗为主的生产方式,开始普遍推广阳畦育苗。农民分了自留菜地后,滦平县王营乡东营村开始搞玉米套大蒜的新型种植模式。1964 年早春,狮子沟菜队聘请全国人大代表、丰宁县大粪专家孙喜举办粪肥快速发酵沤制现场会。承德市郊开始的菠菜覆膜栽培于当年 3 月 21 日上市,茴香覆膜栽培于 4 月 3 日上市。1966—1976 年,在"抓革命、促生产、促工作、促战备"的号召下,全国大搞农田基本建设,农业学大寨,承德市蔬菜播种面积一直维持在 11 万～14 万亩。

(二)蔬菜品种

番茄初为观赏用,俗称看柿子,食后又麻又呕。1956 年以后承德才开始种植西红柿,当时称菜柿子(济南大粉)。从唐山引进农家品种黑汉子腿黄瓜,此瓜呈黑绿色、味淡。1958 年秋,召开承德市农业大型展览,其中:滦平县磨盘倭瓜直径有 80 厘米,水泉东沟欧阳儒家的长蛇豆角(蛇瓜,从四川引入)有一丈多长,红薯一块有 2.5 千克重,小人愈瓜(番瓜)有 80 厘米高,笋瓜半人高,重 25 千克,当地称菜瓜

（白玉瓜 1957 年引入）。

当时的梢瓜（菜瓜，有白和绿带黄沟两种）上市量较大，比较出名的还有滦河的葱头，殊象寺四道沟的红薯，南菜园子的冬季菜，马家庄的冬贮芹菜，双峰寺南西营的角瓜（西葫芦）、梢瓜，上二道河的白黄瓜，四泉庄的大葱，水泉的大红袍萝卜，滦平的大倭瓜，围场的土豆、芹菜、胡萝卜，滦河川的大米，丰宁县的狗牙蒜等。当时承德的蔬菜有以下品种。

黄瓜：秋瓜把（无刺），象牙白（1936 年从日本传入），叶儿三，棒槌瓜（七寸黄瓜），地黄瓜，洋抗黄瓜（枕头黄瓜），五月先，线黄瓜（黑汉子腿），北京刺瓜，丝瓜青，宁阳刺瓜，纹尚刺瓜。

茄子：长青茄（水茄），海茄（紫圆形），火石榴，早白茄，五叶茄，安阳茄，大红袍，七叶茄，短把黑，柳条青（1958 年从天津引入），灯泡茄。

番茄（西红柿）：菜柿子（济南大粉），秃尖粉，满丝，北京早红，粉红甜肉，苹果青，农大 23 号，橘黄嘉辰。

辣椒：三道筋（辣），三道筋（甜），柿子椒，茄门（甜），苏密斯（保加利亚引入），羊角椒，小矮秧（甜）。

叶用甘蓝：金早生，黄苗，牛心，盘大古（大磨盘），狄特。

根用甘蓝：苤蓝（瘤根，北部山区种植）。

花椰菜（菜花）：瑞士雪球，荷兰雪球。

茎用甘蓝（苤蓝）：捷克白，笨苤蓝。

白菜：连心壮（翻心白或顶心白、翻心黄），大核桃纹，小核桃纹，河头，小根菜，小青口，罗汉墩（鹌鹑墩、安心菜），大青棵（与芥菜串花而得），丰宁坝上徐水核桃纹（1960 年引入），小白口，八叶齐，回回白菜（平泉）。1962 年以后箭杆白（仙鹤腿）白菜已淘汰。

萝卜：大红袍，灯笼红，心里美，象牙白（1935 年从日本引入），板缨大红袍，青皮青，半截红，卫青，露八分，青皮脆，水萝卜小五缨，大水萝卜板叶大红袍(围场克勒沟)。

胡萝卜:黄胡萝卜,小顶红,鞭杆红。

根用芥菜(芜菁):二道眉,本地芥菜,叶用花叶芥菜。

菠菜:尖叶菠菜(刺籽菠菜),圆叶菠菜。

芹菜:空心芹,实心芹。

茴香:小茴香,大茴香。

茼蒿:小叶茼蒿,花叶茼蒿。

莴苣:尖叶白生菜,圆叶白生菜,花叶生菜,团叶生菜,紫叶莴笋(茎用)。

油菜(小白菜):青帮油菜,白帮油菜。

西葫芦(角瓜、美洲南瓜):一窝猴(站秧角瓜),长蔓西葫芦(网纹角瓜),白角瓜,阿尔及利亚花叶西葫芦。

冬瓜:高桩冬瓜,柿饼冬瓜,懒冬瓜(青皮冬瓜),车头(车轱辘)冬瓜,罗汉墩,小高桩(1964 年从赤峰引入)。

倭瓜(中国南瓜、北瓜):大磨盘(滦平最大),小磨盘。

菜瓜(印度南瓜,1957 年引入)。

梢瓜(菜瓜):七寸白,青皮梢瓜,酥瓜,长白梢瓜。

西瓜:大花皮,黑皮西瓜(围场),鸡爪灰。

甜瓜:芝麻粒,懒瓜,羊角密,蛤蟆酥,顶皮红,苏联白瓜。

丝瓜:棒丝瓜,线丝瓜,纺锤丝瓜。

瓠瓜:线瓠子,粥瓢葫芦,长把葫芦,大葫芦,哑铃宝葫芦,蛇瓜(蛇豆,1957 年从四川引入)。

菜豆(芸豆、刀豆):有七百余农家品种,仅介绍一些有特色的品种。北京快豆(种子粉黄,有褐色花纹),萨哈豆(蒲花豆,1960 年从苏联引入),五月鲜(种皮白,有褐色花纹),黑法兰豆(20 世纪 50 年代从法国引入),白大架,大姑娘挽袖,丰收一号(泰国架豆,20 世纪 60 年代引入），回龙豆（灰白色带茶褐色花纹），小白豆（棍豆角），秋不老（灰白带茶褐色花纹），尼克斯，白不老，琥珀豆，锅里变（40 个品种），半斤对（80 个品种），关东青，关东对，关东白，鹅了蛋，鹊雀登梅，老母猪瞪眼等。

豇豆：十八豆，紫花青，线青，蚊香盘豆（圈豆），罗裙带，油丝豆，红嘴燕（1968 年从陕西引入）。

豌豆：菜豌豆，白豌豆，绿豌豆。

扁豆：猪耳朵，绿扁豆，紫边扁豆，绿边紫扁豆。

蚕豆：白蚕豆，黄蚕豆，大青扁。

韭菜：紫根韭，大白根，马蔺韭。

蒜（葫）：紫皮蒜，白皮蒜（柳子蒜），丰宁狗牙蒜。

葱（弧葱）：海洋葱（临棒葱），盖平葱，仙鹤腿（高脚白），鸡腿葱，八叶齐，分葱（小葱头），本地分葱。

圆葱（洋葱）：紫皮葱头，黄皮葱头（20 世纪 60 年代引入）。

马铃薯：站秧山药，292-20，丰收白，大黄瓤，白头翁，黏土豆（1983 年已失传），克新 1 号（20 世纪 60 年代末引入承德），小白梨。

姜：莱芜姜（1958 年承德市引进）。

菊芋：白皮菊芋，褐皮菊芋（18 世纪传入我国）。

草石蚕（地螺、地梨）：甘露，最早遍布山地沟洼，野生，可栽培。

菱：20 世纪 50 年代，避暑山庄湖泽之地还有野生菱角，现已很少发现。

蕈：为野生蘑菇，有松蘑、肉蘑、榛蘑、马蜂包，深山老林中还有猴头菇、木耳、白木耳、坝上白蘑等几十种。

此外人们还采食野生香椿、臭蒿、黄花（萱草）、长虫苗（龙须菜、石刁柏）等野菜 20 余种。

(三)技术发展

1. 小暖窖

天津人称立壕子,由清朝时北京插木林发展起来的,是在阳畦基础上加以改良,把北畦框加厚到 50～70 厘米,并加高到 0.85～1.0 米,成为一垛墙,东西侧土框呈斜坡状山墙,后墙上搭有一柱一柁,二檩,上有荆笆,秸秆和穰秸泥组成后坡,中柱(屋顶)高 1.6 米,后坡宽 1.2～1.5 米,前坡用长 1.7～2 米、宽 65 厘米窗框,窗框下做土埂填严,上与后坡荆笆处相连,每块窗框紧排即形成前坡,保持 45°左右采光面,夜间覆盖草帘长 5 米,宽 2～2.2 米,这样可形成 2.5～2.7 米宽栽培床。提高了受光及防寒保温性能,冬季加温可生产果菜类黄瓜。承德小暖窖最早是在清朝时于茅荆坝小庙村兴起,市郊最早在 1920 年由南菜园子孔宪富用桐油纸做前坡纸糊立窗,冬季用炭火盆取暖,生产韭黄,围场县锥子山 1935 年搞过暖窖生产韭菜。

2. 北京改良式温室

由直立纸窗的土温室改良而成,20 世纪 60 年代从北京引进应用,改良后扩大了温室空间和栽培面积,改善了受光条件,形成现有的天窗、地窗两折式玻璃屋面温室。温室宽为 5～6 米,每间间隔 3.0～3.3 米,室高 1.6～2.0 米,长 12～80 米。每间温室栽培床面积一般为 15 平方米。每 4 间温室设一个炉灶,跨度大的温室可以 3～3.5 间设一个炉灶。炉灶设在北墙处,为一条龙式炉灶,火道与栽培床之间留作业道,宽 80 厘米,深 50 厘米。天窗长 2.3 米左右,用 60 厘米×50 厘米的玻璃覆盖,每扇为 6 块玻璃,窗框与地平面保持的角度为 15°左右;地窗长 1.5 米左右,每扇窗用 4 块玻璃,覆盖角度为 38°左右。这种温室保温和受光条件较好,适于冬春季种植果菜类蔬菜。

二、承德蔬菜科学实践阶段

(一)承德蔬菜事记

1970年,国务院召开北方地区农业会议,对农业的恢复和发展起到一定的积极作用。1972年,承德地区商业局、供销社主抓蔬菜生产。1972年,营子矿区农林局、营子大队从长春市红旗公社奋进大队引进塑料大棚技术,全市首建竹木结构大棚1.8亩,后增到6.52亩。1972年,兴隆县引进的大矬菜白菜亩产达2万斤。承德市加温温室达到160间,其中市蔬菜公司16间,狮子沟24间,营子矿区120间。1974年,双滦区白庙子村首推小拱韭菜、西葫芦。兴隆县北水泉推广中拱韭菜草帘覆盖技术。1974年,兴隆县推广了克新1、2号土豆,津研1、2号黄瓜,唐山紫花架豆,黄苗甘蓝,世界冠军甜椒,绿皮西葫芦等品种。推广了土豆抱窝,二犁深种,土豆实生苗繁种,塑料中棚白菜籽采种等技术。1975—1976年承德成功推广早甘蓝,并用7216、青虫菌防治菜青虫成功,替代了曾风靡一时的六六粉。1975年承德县下板城大队引种芋头、木耳菜获得成功。1976年,国务院下达一号文件,要求把“经济工作搞上去”,商业部提出“春提前,夏排开,秋错后,冬生产”的口号。这年有16个番茄品种和圆葱在平泉县西坝村进行种植示范,改变了平泉县不能种番茄、葱头的说法。1976年兴隆县开始推广沈阳式加温温室72间,并从北京引进板叶大红袍萝卜。1977年承德强调切实把住育苗关,推广大中小拱棚,改变旧的栽培制度,提纯复壮,杂交一代优势利用,推广良种、蘸花催熟技术,蔬菜机械化生产,贮藏保鲜,假植生产,利用工矿、天然温泉余热发展温室生产等蔬菜生产技术。狮子沟公社组织农民技术人员去通辽参观学习,回来后建成长185米、宽6米、后墙高1.8米、脊高2.1米、后坡宽1.25

米(厚30厘米)的日光温室,该温室占地1.67亩,生产面积1.39亩,春季用于生产黄瓜、番茄,冬季可生产芹菜、韭菜。南菜园子大队技术员刘振开展试验研究,利用伤流液提高大白菜自交不亲和系结实率。兴隆县推广半地下日光温室达203间。丰宁县经引种试种山东莱芜姜成功。1978年塑料薄膜推广受到欢迎,农民说"塑料薄膜是个宝,保温透光性能好",3月初盖韭菜,3月下旬盖韭菜、菠菜,4月初盖芹菜,4月中旬盖甘蓝、豆角,4月末中拱盖茄子、青椒、番茄,正常生长时揭开。喇嘛寺大队小架冬瓜连续十年获得高产。牛圈子沟公社蔬菜技术员刘振搞了大温差育苗,总结出加温温室白天加温,夜间不加温,以提高黄瓜产量的技术方法。全国科技大会上,郭沫若说,科技有了春天。由于秋菜是一季生产、半年消费食品,且1978年秋菜受灾减产,因此在1979年年初,承德全地区采用地膜覆盖、阳畦、温室、大棚等保护方式进行蔬菜生产,加强越冬菜的管理,并根据蔬菜品种退化严重的问题,开展蔬菜品种调查,根据当时出现的比较严重的蔬菜品种混杂退化现象,摸清蔬菜品种家底,以利于为更好的科学推广提供依据。河北省蔬菜所赖俊铭先生到承德农林局讲授日本黄瓜嫁接抗病应用。为了开放旅游,展示承德形象,殊象寺村建玻璃钢房五折式温室一处,红石峦村和市蔬菜所建北京玉渊潭三折式玻璃温室。根据《承德市秋菜收运供贮工作座谈会纪要》的通知,实行地头拉菜,地头定价,农商成立评价小组,实施7.5千米以外运费补贴办法,鼓励市民多买菜,避免烂菜。

(二)蔬菜品种

白菜:玉青,兴城麻叶,临水白,天津中青,北京抱头青,石特1号,城阳青,青杂中丰。

甘蓝:报春,狄特409,黑叶小平头,京丰1号,中甘11,赤峰工农兵，班大生（大磨盘），成功1、2号，丹麦，丹京早熟。

萝卜：绊倒驴，石白，白大根。

菠菜：陕西大叶。

芹菜：玻璃脆。

莴苣：鲫瓜笋（茎用），雁翎笋，尖叶莴笋，日本太阳包球生菜（承德县下板城首种）。

油菜：四月慢，五月慢。

落葵（木耳菜，承德县下板城及市区开始种植）。

苋菜：圆叶绿苋菜，紫苋菜（柳树底村种植），大叶红苋菜，尖叶苋菜（因野生广泛，栽培很少人买）。

黄瓜：长春密刺（1972年从长春引入，用于棚室），纹尚（用于大棚），宁阳刺瓜（用于大棚），津研1号（1970年引入），津研2号（1978年引入），鞭瓜，截头瓜，唐山秋瓜，郑州黑油条，大连叶儿三。

冬瓜：武昌粉皮冬瓜（下板城1975年引入），一串铃冬瓜，磨盘冬瓜（单果10千克左右重）。

倭瓜：骆驼脖（吊瓜，1975年引入）。

西瓜：新澄1号，郑杂3号，郑杂5号，龙密100号，早花，周至红。

甜瓜：白沙密（山西引入）。

番茄：早粉二号，强力米寿，早魁，小桃，台湾红，北京早熟，武昌大红，北京大红，长期大红，栗园，农大24，红战士，罗城1号等。

茄子：五叶茄，大民茄，二民茄，11叶老来黑，鹰嘴茄，荷苞青，牛奶茄，紫线茄。

辣椒：世界冠军（甜），巴彦（甜），伊犁辣椒，西园（甜），乌盟辣椒，保加利亚尖椒。

菜豆（刀豆，芸豆）：沙克沙（矮生，1972年从波兰引入），大盘墩（矮生，1978年从三河引入），尼克斯（矮生），供给者（矮生，1978年从美国引入），双季豆（棕色带黄白花纹，1974 年从邯郸引入），青岛架豆，半斤对，灰大架，大架白，白大架，冀芸 1 号（矮生）、2 号、3 号。

扁豆：气鼓症，气扁豆（由唐山传入）。

豇豆：之豇-28。

韭菜：汉中冬韭，大青苗，卷毛韭，黄苗韭，嘉兴雪韭。

马铃薯：克新 2 号、4 号、8 号，跃进，高原 4 号。

菜花：耶尔福。

芋头：旱芋头（1976 年下板城试种）。

圆葱（洋葱）：荸荠扁葱头，大水桃。

芹菜：铁杆青，天津实心芹，佛洛雷达西芹。

芫荽：大叶香菜。

（三）技术发展

1. 地膜覆盖

1978 年，湖南长沙塑料三厂研制厚 0.012～0.015 毫米、宽 90 厘米聚乙烯超薄地膜获得成功，承德市农业局引进地膜覆盖技术，当时是河北省内应用最早的地区。承德市蔬菜研究所试种 0.2 亩地膜覆盖青椒，取得了明显的增产增收效果。同年，袁家庄大队试验场在日光温室中覆盖塑料薄膜育苗技术上取得成功，即马粪里生黄瓜芽后，床上播黄瓜芽再盖塑料薄膜，长出一叶一心时栽在营养土的纸兜中。

2. 半地下式日光温室

1977 年，由兴隆县开始推广半地下式日光温室，其脊高 2.2～2.3 米，后墙高 1.7 米，3 米一个通风窗（20 厘米×35 厘米），室宽 5.0～5.5 米，棚膜上加 1 米宽纸被，上加草帘，冬暖效果良好，可越冬种植蔬菜。

3. 小拱棚

1974 年，双塔山白庙子村王丙谦首推小拱韭菜、西葫芦，随后在承德市各县推广并普遍应用。小拱棚高 1 米左右，宽 1.5～2.5 米，长度 10～15 米或按地块长度而定。拱架用细竹竿、竹片、荆条、粗铅丝、细钢筋、轻型扁钢、塑料杆等材料弯成半圆形并固定成一体，上加薄膜，北侧可夹设小风障，无支柱；或中间有支柱，两斜面而成屋脊型；或北侧一端有 1 米高的墙，依墙插成半圆拱。这种形式的小拱棚支架牢固，便于加盖草帘，适宜春提前秋延后栽培，比大棚早定植，如不加草帘比大棚晚定植，或外界适宜生长时，可拆除进行露地生产。

4. 中拱棚

1977 年，兴隆县许享达、刘玉俘首次利用中拱加草帘覆盖韭菜。中拱棚高 1.5～2.0 米，宽 3～10 米，长 10 米，加中柱和两个侧柱，骨架上覆盖薄膜，上加草帘，可供冬季生产耐寒类菜或早春生产果菜类，草帘日揭夜盖，至现在仍有广泛的应用。

5. 大拱棚

1966 年，吉林省长春市红旗公社奋进大队首先应用。1972 年，营子矿区曹中信、史立民组织去长春参观，并首先引入营子大队应用，1973 年传入承德市郊，随后逐渐发展到各县。大拱棚以竹、木、水泥柱或钢材结构为骨架材料，宽 6～15 米，长 30～50 米或更长，中柱高 2～2.5 米以上，边高 1.0～1.6 米，设 5～7 排立柱，面积在 500 平方米以上。按照形式不同可分为单栋大棚或连栋大棚。为增加棚内温度，大拱棚内可加临时小拱、中拱、覆盖，即为多层覆盖，春、夏、秋三季可进行生产。

6. 哈尔滨式温室

哈尔滨式温室于 1972 年引入承德，它是固定式一面坡前加立窗的加温温室，室宽6～7米，高2.5～3.0米，前立窗高0.8～1米，温室长18～36米，玻璃屋面的角度35°以上，立窗前有50厘米×60厘米防寒沟，室内中部设炉灶和烟道，有条件的地方还在栽培床下铺设酿热物。玻璃屋面上覆盖草苫或棉被。除去加热设施和走道，栽培床面积为5平方米。这种结构20世纪70年代在承德市郊南菜园子应用较多，但在冬季外界气温太低，室内外温差较大，玻璃屋面经常结冰，造成室内光照不良和局部温差大，因此，冬季以生产芹菜、韭菜、青蒜为主，春季可生产果菜类。

7. 一面坡式竹木结构日光温室

一面坡式日光温室是在无后坡大棚和加温温室的基础上发展起来的，1977年开始应用，范围以承德市郊为主。温室北侧后墙高1.7～1.8米，墙厚50～70厘米，后墙上柁长1.2～1.5米，另一端放在中柱上，中柱另一端埋地里，稍向南倾斜10～15厘米，高2.3～2.7米(埋地下0.4米)，柁上加2～3根檩子，檩上是荆笆，或木棍、秫秸，依次一层，厚16厘米，穰秸泥10厘米，还有用白灰渣子打顶，使南坡面(接光面)长达7～7.5米，提高了后坡仰角，使床宽6.5～7米，由于南端太低操作不便，后又改加0.5米高的立窗及前柱，檩子可用细木杆代替。20世纪70—90年代有大面积发展。

8. 半圆拱式竹木结构日光温室

因圆形结构的采光面积最大，具有均匀增温特点，承德从1978年开始推广半圆拱式竹木结构日光温室，其结构是：后墙高1.5～1.7米，厚0.5米，墙外培防寒土堆约1米厚，中柱高2.4～2.7米，后坡一柁、三檩，上加笆做泥达25～30厘米厚，二柱高1.6～1.8米，前柱高0.8～1.0米，栽培床分别为1.5米、1.3米、1.4米，计5.5米。前窗处挖深60厘米、宽50厘米的防寒沟，沟中填上马粪、秸秆、糠等酿热物。

三、承德蔬菜特色形成阶段

(一)承德蔬菜事记

1980 年,在蔬菜生产上应用地膜覆盖已成为突破性常规技术,取得明显经济效益。地膜覆盖蔬菜技术的普遍应用使地面温度提高 3～6 ℃,土壤速效成分增加,土壤疏松,抑制杂草生长,减少一半浇水次数,不揭膜继续栽种后茬蔬菜仍然效果明显。这年袁家庄日光温室马粪温床生产黄瓜和朝阳沟西葫芦间种小菜技术得到推广。承德县下板城引进木耳菜、芋头、石刁柏、日本太阳结球生菜成功。营子大队总结区域隔离繁种经验,克服了品种混杂退化和病虫害严重问题。基层农业技术人员到天津市大曹庄、李七庄学习北京改良温室、中拱草帘覆盖韭菜,北京玉渊潭烧重油连栋玻璃温室。丰宁县大阁镇北园子大队九队种 1.2 亩露地大同甜椒,采取施足农家底肥,早育壮苗,合理密植,7 月中旬至 9 月中旬获得高产 4 486.5 千克,折亩产 3 740 千克。丰宁县平安堡乔家围子村庭院试种徐水核桃纹(生长期 100 天)成功。1981 年,河北省农业工作会议上提出了坚持城市近郊农业生产以菜为主方针,要求主攻单产、改善蔬菜品种结构,均衡上市,保证供应,统购包销还是定购包销自选,菜农按计划生产菜,提高科学种菜水平,这是自 1964 年以来首次在农业工作会议上提到蔬菜。同年,河北省人民政府制定《关于加强蔬菜若干规定》,明确农业部门要以蔬菜为中心,北部推广抗寒早熟品种,如沈阳快菜、日格则一号白菜。承德应用推广了石油助长剂乙烯利,防菜青虫的青虫菌,以及溴氰菊酯、乙磷铝等农药。丰宁县坝上农科所于当年 8 月、9 月向北京供应 4 吨西红柿,当时震惊北京和承德。

1982 年,中共十二大提出“计划经济为主,市场调节为辅”。党的十一届三中全会胜利召开，揭开了中国经济体制改革的序幕，是中国历史的伟大转折。经济体制改革的实践是从农村开始的，农村改革突破传统观念的思想束缚，改变阻碍中国农业生产力发展的传统体制，全面实行了家庭联产承包责任制，农牧渔各业兴旺发达，气象焕然一新。中央一号文件要求建立各种生产责任制，进一步搞好农业资源调查和农业区划这项基础工作，为合理开发利用，为保护自然资源，调整农业结构和布局提供科学依据。《承德市蔬菜品种简介》出版，该书收录 1979—1982 年商品菜蔬菜品种普查共 11 类 61 种 278 个品种。承德蔬菜大量外销，北京、辽宁、内蒙古向承德要菜，初步扭转了承德蔬菜倒流现象。兴隆县抓蔬菜良种提纯复壮，隔离繁种，秋菜品种整齐一致。营子矿区秋白菜纯度达 30%～50%。大石庙六队五个承包大棚首次突破 1.1 万千克，农户王丽娟家产量最高，达 12 088 千克。1983 年在京津冀经济协作区建设的大背景下，承德利用自然优势和经济优势，抓好 8 月、9 月淡季生产，建设商品蔬菜基地。隆化县芋荆坝小庙村开始搞简易温室和大棚蔬菜生产。平泉县在西坝公社试验西瓜地膜加小拱上架获得成功。

1984 年，国家提出“有计划的商品经济”，在思想上打破了将计划经济和商品经济对立起来的传统观念，经济体制改革实践从农村走向城市。农民提出“要发家种西瓜，富得快，种蔬菜”的口号。承德地区将地膜覆盖技术正式列入推广项目，用于花生、水稻、蔬菜、西瓜、玉米制种、棉花、蓖麻（塔麻）等作物。地膜覆盖全面推广，群众反映“地膜覆盖真灵验，增产增值特明显，耪耥环节全省略，本小利大多来钱，防虫灭病好处多，草死苗壮地发喧”。平泉县首种哈密瓜、大白瓜、山东大石瓜。冯营子乡崔梨沟村山地试种无支架西红柿。围场县牵头开始搞庭院日光温室。辽宁熊岳农专用洋葱雄性不育系、保持系、恢复系制种，在承德县头沟当年播种，秋后每亩收获 3 000 多千克，大获成功。1985 年《承德群众报》头版发表文章《让居民的菜篮子丰盛起来》，报道承德市对菜农实行平价粮，实行秋菜定购。1986 年地区外贸粮油公司从美国购买引进 16 个蔬菜品种，放到围场县四合永乡腰栈村种植，有醋栗小西红柿（圣女果）、小甘蓝（抱子甘蓝）、美国一号辣椒（之前我国没有大型厚壁辣椒，经赤峰刘文志三年繁种后销往全国，改称牛角椒）等。

1987 年，中央提出“国家调节市场，市场引导企业”理论，这是对“有计划的商品经济”理论的重大发展。这一理论完全突破了改革初期计划与市场各分一块的老框架。1987 年，国家将承德地区列入全国十二大蔬菜制种基地之一。滦平县巴克什营乡虎头山村种植冬瓜、倭瓜、豆角、黄瓜 200 亩，全部销往北京。供给模式由“就地生产，就地供应”变为了“分散生产，集中供应”，丰富了北京 8 月、9 月淡季菜市场。1989 年，承德利用冷凉优势为广东顺德、台湾大三等外地科研单位和蔬菜企业代繁芥蓝、菜心、番茄等蔬菜种子。承德冯秀华、穆瑞臣去日本高崎市（与承德市结为友好城市）黄瓜专业户外处保雄家学习研修。平泉县从吉林引进巨佳茄子，一般株高 1.6～1.7 米，最大单果重 4.25 千克，比当地茄子增产 3 倍，亩产 1.25 万千克。这一时期，通过发挥自然优势和地理优势，承德时差蔬菜上山，随着海拔时差蔬菜面积的扩大，出现了北菜南运好势头。环京津蔬菜商品基地建设初成，利用高海拔进行自然立体农业、雨养生态栽培，解决夏淡季节生产，发挥承德自然优势，走北菜南运之路，是时生产面积达 7.85 万亩。

（二）蔬菜品种

白菜：承德 1 号、88、96、100、106 等杂交一代品种，小叶黄安心菜，沈阳快菜（60 天），极早生，晋菜 1、2、3 号，太原二青，小杂 60，绿宝，丰抗70、80，鸡关白，秋杂2号，大青口，青庆，津青9，津青12，孙家湾新5号。

甘蓝：芥蓝（食叶，梗，少量花不包球）。

叶用甘蓝：秋丰，庆丰，晚丰，花用甘蓝。

花椰菜：日本雪山，法国菜花。

油菜：四九菜心（抽薹，食用茎叶花），迟菜心，三月慢，上海青，矮抗青，青帮油菜。

萝卜：高桩红萝卜，国光长白萝卜（陕西跃县），贝根萝卜（日本用升萝卜芽），荸荠萝卜，翘头青，长春大根，新八洲，向阳红。

胡萝卜：燕脖红，多伦红，鞭杆红，蜡捻。

韭菜：791，雪韭。

圆葱（洋葱）：熊岳。

葱：山东章丘大梧桐葱（1986年从山东章丘引进）。

菠菜：春秋大叶（日本大叶菠菜），东北大叶。

芹菜：津南实心芹，玻璃脆，上海大芹。

番茄：强丰，大同黄156，沈粉1号，L402，红宝石，特罗皮克，台湾红，毛粉802，顺义大粉，丽春，沈农二号，先锋，无支架西红柿，西农72-4，可果美。

豇豆：无支架豇豆。

辣椒：同丰37，早熟3号，同丰16，日本5号，农大40，农发，851，日本晒红尖椒。

黄瓜：山东密刺，中农1101，早丰一号，津研5、6、7号，唐山秋棒瓜，津春3号。

西葫芦：早青一代，金丝瓜。

苦瓜：夏丰白苦瓜。

西瓜：金蜜1号，蜜保，中育6号，琼酥，新澄一号，新红宝，金钟冠龙，P2 西瓜，78366 无籽西瓜。

甜瓜：伊丽莎白（1988 年从北京市农科院蔬菜所引入）。

蕈（人工栽培）：日本小平菇，姬菇，木耳，银耳，灵芝。

茄子：油瓶茄（1981 年由张家口市引入），巨佳茄子（平泉从吉林引入）。

豆角（芸豆）：8 月忙，日本早白豆，保丰。

大蒜：苍山大蒜，改良蒜，开原大蒜，永年大蒜。

莴苣：奶油生菜，女儿盘，碎叶生菜。

马铃薯：中薯 2、3 号，大西洋，费乌瑞它，二白皮。

（三）技术发展

1. 马粪温床

1981 年，袁家庄大队试验场袁瑞玲对平畦、阳畦进行改进，在日光温室中首先用马粪温床生产，最早在 3 月 15 日摘黄瓜。马粪温床一般床宽 1.8 米，长 5～6.6 米，床北土框深 65 厘米，地面上再砌 40 厘米高的砖或土坯，东西两侧呈向南斜坡状，床底南深北浅，呈龟背形，即靠四土框处比床底再深 10 厘米，耙平床，床底铺马粪、羊粪、厩肥、人禽粪、麦秸、玉米秸、稻草、枯草、落叶等酿热物，厚 20～30 厘米，加适量水慢发酵酿热，上加厚 10～15 厘米营养土，空间高 20～30 厘米，可进行冬季生产或育苗用。可利用管道将火道热、暖水热增温，或用电热加温线，铺放床底，克服冬季严寒季节的地气温不足。

2. 海城改良式半圆拱式日光温室

1986 年，从海城引进承德并加以改良，比原海城式抬高了仰角，更便于操作，平泉县卧龙岗乡碾子沟村群众刑玉林自发首建。海城改良式半圆拱式日光温室建造时要先在北侧土打墙 0.6～0.7 米高，厚 0.5 米，在高 1.5 米中柱上加一柁，架细檩 5～6 根后再顺北侧墙外挖沟，直接将一捆捆玉米秸排紧，稍向南倾斜成45°角，将底部埋好当墙，后墙填1.5米厚土，后坡上穰秸泥抹好，二柱高1.7～1.8米，前柱高0.8～1.0米，柱上加细杆，为东西向横檩，横檩上加宽10～15厘米，长6～8米的竹片，每隔1.5米一个竹片，长6～7米，固定在檩上盖膜，再在每个竹片薄膜上中间做压杆或压线绳，固定薄膜。北墙到中柱2.5米，中柱至前窗3.5米，内跨共6米。这种温室虽然效果较好，但阴影面积较大。

3. 感王式日光温室

1986年，承德地区农业局技术站制作改良后的感王式温室图发至各县。1989年承德地区在最北部接坝的围场县孟奎区大龙头山乡双月村建起感王式日光温室，中柱高2.5米，后墙高1.66米，宽4米，解决接坝地区冬春吃不上鲜菜的问题。

4. 地热日光温室

1983年，隆化县茅荆坝小庙村个别农户在地热上搞大棚给人们以启示，1984年隆化县农业局李康明在七家乡温泉村建16栋地热日光温室进行蔬菜生产。地热日光温室结构类似一面坡竹木结构日光温室，主要区别是：后墙高2.5米，厚0.5米，中柱高3.0～3.2米，后坡长1.5米，抬高后坡仰角，在温室中部中柱上侧靠脊处，做成塑料筒式放风口，昼夜放风，地温达20 ℃，室温15～26 ℃。

四、承德蔬菜规模发展阶段

（一）承德蔬菜事记

1990年，承德推广26项技术（其中种植业12项），开始科技兴农。为抓好环京津蔬菜基地建设，承德利用时差生产自然立体和海拔立体时差蔬菜，即山地蔬菜和北部高海拔蔬菜，走北菜南运基地型路子，解决南方城市8月、9月淡季菜供应。同时，配合大、中、小拱棚和日光温室蔬菜解决冬春淡季菜供应。承德市郊开始应用无纺布（不织布）、CO_2 发生器、种纸（用以提高播种精度）、营养盘、反光幕、滴灌等技术，用于育苗和日光温室生产。1991年，承德市掀起高效节能琴弦式日光温室建造高潮，滦平县在原有日光温室基础上，进一步改造成琴弦式温室26处，群众说："日光温室可脱贫，高效温室可致富，平均每亩多收入5 000多元。"海拔500～800米的山地，空气湿度、温度都比平地低，因此承德市蔬菜所引导农民在鸡冠山下种山地西红柿获得成功。1992年，承德召开全国农作物良种展销交易会，制定种植业12项常规技术，在全市大力开展蔬菜引种繁种工作。其中：平泉县在大吉口给台湾大三种子公司繁苋菜、芥蓝、瓶茄、南坡芥蓝，在党坝、暖泉给山海关繁白菜种；宽城县给大连市蔬菜研究所繁豆角、包球生菜，给天津所繁津研四号，给大三繁洋角豆（黄秋葵）；丰宁县、宽城县进行番茄品种杂交对比试验和青椒繁种；围场县进行芥兰、菜心繁种。承德科协邀请英国皇家园艺作物研究所著名植物生理学家比德·亚当斯讲授园艺设施无土栽培及青椒、西红柿整枝和利用天敌吃虫，降低生产成本和减少蔬菜污染。由于地膜覆盖和日光温室发展迅速，这一年承德已初步形成时差菜种植基地，缓解了冬春淡季供应，承德狠抓菜篮子工程，蔬菜产品大量外销，北菜南运已成定局。

1993年，中央提出确立和建设"社会主义市场经济体制"，是改革开放以来经济体制改革理论的重大突破，开创了经济体制改革新实践。这一年承德市组建蔬菜技术推广站，站长为蔺明辉、副站长为王玉宏。河北省首次提出三北地区白色革命计划方案。1995年，白峰任承德市蔬菜技术推广站站长。承德市蔬菜所穆瑞臣的高效节能日光温室秋延后栽培甜椒技术获得成功，打破了当时只有温室黄瓜的单一种植模式。1995年以后，承德蔬菜规模化生产逐步形成，面积急剧扩大，曾一度出现卖菜难的局面，因此，承德开始引导农民进行蔬菜作物的结构调整，向均衡多样化方向发展。1996年，为抓好北京三线蔬菜基地建设，环京津菜篮子工程立项，北京支持承德建设国家时差菜7月、8月、9月供菜基地。1998年承德光大蔬菜有限责任公司成立。1999年，河北省农业技术推广总站提出扩大种植如豌豆苗、香椿芽、萝卜、荞麦苗、花叶生菜、芽球莴苣、花椒芽(囤植)、香芹、球茎茴香、美国小西葫芦、樱桃萝卜(荸荠扁萝卜，甘肃原产)、樱桃番茄(醋栗番茄、圣女果)等特菜，丰富蔬菜品种。承德市蔬菜所利用连栋暖风循环式加温温室栽培番茄，采用周年栽培整枝技术，采收期达10个月，亩产达1.5万千克。

(二)蔬菜品种

番茄：佳粉1、2、8、10、15、22(1993年从北京市农科院蔬菜所引入)，毛粉1、801、802、853，G1，白果强丰，L144，L402，圣女，中杂8、9号，中农185。

黄瓜：新泰密刺，津春4、5号，唐秋1号(秋棒瓜)。

韭菜：雪韭王，寿光独根韭，大湾苗(卷毛韭)。

茄子：快园茄，糙青茄，园丰。

辣椒：牛角椒(1986年从美国引入并在围场四合永试种，赤峰刘文志摘去繁种，销全国，称赤选1号)，海丰5号，湘研3、4、8号。

西葫芦：银青一代，中葫1号。

甘蓝：中甘12，中甘21，8132，8398，中甘15，中甘8。

大白菜：北京新1、2、3、5号，秋绿75，剑春，春夏王，春鸣，春晓，春黄，高冷地，阳春，四季王，春大将，冠春，强势，春强，夏宝，夏阳，春秋王，优夏王，新金刚夏，鲁白14，秋珍白。

豆角(刀豆):无丝豆,长城架豆,芸丰 623,83-A,83-B,绿龙,绿丰 4,九粒白,特嫩 5 号。

豇豆:三尺绿。

菜花(花用甘蓝):春秋菜花,雪山 2 号,大圣 65,雪岭,雪宝,白峰。

绿菜花:绿岭,里绿,格兰它。

油菜:苏州青,托耳油菜。

菠菜:春秋绿美,日本全能,强力,光头,华菠 1 号,秋根菠菜。

萝卜:红丰一号,樱桃红,丰光一代,长城 1、2 号,特选三尺白,新八洲,青首,回头青。

胡萝卜:黑田五寸参,新黑田五寸,卡奇五寸参,改良黑田,红映 2 号,红映五寸参。

芹菜:津南实芹,美国西芹,文图拉,加州王,白庙西芹。

圆葱:庄园主,全王子,长日黄,白朱。

马铃薯:中薯 2、3 号,大西洋,费乌瑞它,二白皮,夏波蒂,早大白,坝薯 5 号、9 号,紫花白,渭薯 5 号。

西瓜:京欣 1 号,地雷王,金冠 1 号,金密 1 号,金帅 2 号,新青玉。

甜瓜:菊香,中选 11 号,早春一代,龙甜 1 号。

草莓:明晶,明磊,金明星。

莴苣:皇帝,恺撒,大高早生,软尾。

蕹菜(空心菜):泰国空心菜。

芫荽:四季香菜王。

(三)技术发展

1. 瓦房店无支柱琴弦式半圆拱型日光温室

1990 年 1 月从海城瓦房店引入并加以改良,此温室为砖墙,后坡为水泥构件，每隔 3 米设一个水泥铸件中柱，脊高 3.1～3.2 米，后墙高 2.6～2.7 米，后坡宽 1.5 米，厚 0.3～0.4 米，昂角 45°，温室宽 7 米，东西长 50 米。后墙外培土，前屋面外挖防寒沟。建造时，先把钢板定型成长 7.5 米半圆形 2 个（一个山墙顶放一个），在弓处每隔 35～40 厘米处用 8×8 螺母焊牢，每个共焊 21～22 个（穿 8＃铁丝用）。每个山墙预先铸好 3 个水泥钢筋立柱，并把 2 个半圆形钢板焊在每个山墙的 3 个水泥柱上，呈半圆拱型，后再垒东西山墙，东西两侧山墙外 1～1.5 米处为铁锚固定处，用紧线器紧线后用铁锚固定。墙上铁丝两侧下边垫上木块，避免反松，即铁丝当横檩，用 3 厘米粗细竹竿与铁丝相斜，即屋脊向前坡下方 3.0～3.2 米向山墙侧斜，斜梁与铁丝固定，盖上大棚无滴膜拉紧铺平，铁丝每隔 70 厘米左右，固定一道与斜梁平行、直径小于 3 厘米竹竿压在棚膜上，将上下两根竹竿用细软铁丝固定在 8＃铁丝上。这种琴弦式骨架用料截面积小，斜梁数量不多，遮光面积小，又无立柱，温室内光照好。薄膜上夜间加盖有 3～4 层的纸被，纸被上覆盖草帘，草帘宽 2.0～2.2 米，厚 5～7 厘米，长 8.5～9.0 米，或同规格棉被。采取秋季嫁接冬春季生产黄瓜，但使用时要注意天气情况，必要时要适当加温。

2.暖风热气循环连栋加温温室

1997 年，承德市蔬菜技术推广站从北京农业工程学院引进暖风热气循环式连栋加温温室。在承德市蔬菜所建造八栋，温室长 60 米，宽 30 米，9 排立柱，每排立柱 11 根（钢管），立柱高 2.5 米，拱高 4.5 米，每栋跨度 6.5 米。第 2～7 个棚两侧有天窗，为通风口。每个棚南面有风扇，北侧后墙设有湿帘，天窗、风扇、湿帘均由电机控制，控制柜控制电机。温室不同位置设温度感应探头，用连接线与温控室连接，温控室就能指示出不同位置的温度。设有喷药液装置，药液经过过滤器过滤后流入管道，再经电机带动后，喷头喷出雾状药液。室内有遮阳网，可调节光照。设有地热交换系统，在地下60厘米处有一排6～7根、每根直径20厘米的管道，管道间距1米。白天剩余热量存储在管道内，夜间放出提升温度，这样为热循环。但由于承德冬季寒冷，该种温室仅可用于冬季以外的蔬菜生产。

3. 坝上春夏包球白菜

1994年以前，承德春夏生产的白菜是不包球的小白菜，秋季才生产包球大白菜。1994年春夏，包球白菜课题正式立项，并于1995年在围场县坡字村、雷字村夏种健春白菜获得成功。1996年，围场县进行白菜小棵、密植、早收获得成功。1997年，河北省农业推广总站把承德春夏结球白菜应用研究作为重点，并以围场、丰宁、隆化、平泉、滦平做重点区域大力推广。1999年，围场、丰宁坝上结球白菜初具规模，春结球白菜已达8 000亩，夏结球白菜生产面积达4.5万亩。

五、承德蔬菜产业建设阶段

（一）承德蔬菜事记

2000年，承德市蔬菜技术推广站制定甘蓝、西葫芦、黄瓜、花椰菜4种蔬菜作物的无公害生产技术规程，蔬菜栽培的地方标准体系开始建立。2001年，为加速承德蔬菜生产发展步伐，在继续搞好以错季菜为主的“菜篮子”工程建设的同时，承德市政府提出规划，在京承、承平、承围公路沿线建设三个蔬菜百里长廊，标志着以三线为基础的承德设施蔬菜产业已经初具规模。蔬菜标准化生产得到大力推进，依据省颁布的地方标准，承德针对本市主要蔬菜品种的生产、加工开始推广无害化生产。以建设从田间到餐桌的蔬菜安全通道，提高产品质量，维护品牌信誉，推动龙型经济发展和无公害生产为目标，承德市开始筹建“承德市绿苑无公害配送中心”，带动、促进连锁配送体系的发展。2002年，冀优Ⅰ型日光温室在承德已大面积推广，为此承德市农业局起草了《承德市日光温室种植结构调整指导性意见》，提出了设施蔬菜结构调整方向及种植茬口安排。全市蔬菜生产形成了设施栽培，地畦种植和裸地种植等多种形式的生产格局。承德市无公害蔬菜标准化生产体系初步建立，由承德市蔬菜技术推广站主持，制定了白菜、甘蓝、黄瓜、番茄、茄子、豆角、辣椒、韭菜、胡萝卜、芹菜、西葫芦、西兰花的无公害生产技术规程12个。经过一年的筹备，承德市首家无公害蔬菜配送机构——承德绿苑果蔬配送中心正式成立，其主要职能是生产、加工、销售绿色无公害蔬菜，所供蔬菜、果品严格按照部颁标准由自己的无公害基地生产，并通过先进检测仪器检测，保证市民吃上安全菜、放心菜。

2003年，十六届三中全会通过了《中共中央关于完善社会主义市场经济体制若干问题的决定》，标志着中国经济体制改革从初步建立社会主义市场经济体制进入完善社会主义市场经济体制的新时期。2003年，王玉宏任承德市蔬菜技术推广站站长，提出在冬春季以日光温室黄瓜为主的基础上，探讨夏秋季冷棚越夏番茄生产，并成功引进荷兰瑞克斯旺公司越夏长货架“百利”番茄，在偏桥子镇、上板城镇率先建立了越夏番茄栽培示范点，通过采用遮阳网控温、防虫网控害，番茄越夏栽培获得成功。为增添春节的喜庆气氛，承德还引进了集观赏和食用功能于一身的盆栽观赏蔬菜，包括彩椒、番茄、观赏茄、迷你黄瓜、羽衣甘蓝、叶牡丹6个种类12个品种，在当时极大地丰富了节日市场。2004年，针对不同消费市场，承德越夏番茄销售率先实行了分等定级，转变了蔬菜生产者过去单纯追求产品数量的旧观念，提高了承德越夏番茄的商品性和市场竞争力。根据分级，特级品定位在出口香港及东南亚市场；一级品定位在外运到南方大中城市市场；二级品销往东北市场或就地销售。随着承德越夏蔬菜栽培管理技术的快速发展，粘蚜板、杀虫灯、防虫网、遮阳网等一批新材料得到大力推广，以物理方法降低了蔬菜病虫害，减少了菜区施肥量，实现了产业技术的集成与创新。2005 年，番茄、彩椒和茄子成为越夏蔬菜的主栽品种，重点分布在承德县、平泉县、滦平县，面积达到 20 000 亩，产值达到 2.3 亿元。承德县、丰宁县、围场县、双滦区正式成立了县级蔬菜产业协会。北京方园平安食品有限公司、西方种业等公司与承德签订蔬菜生产基地协议，并与菜农签订合同，实行最低保护价收购，减少了盲目扩大规模而出现的产品滞销、价低伤农的现象。2006 年，为了改善日光温室蔬菜栽培条件，承德市蔬菜技术推广站从山东省秸秆生物工程技术研究中心引进秸秆生物反应堆应用技术，分别在双滦区偏桥子、滦平县陈栅子、承德县上板城、双峰寺、六沟建立了技术示范区，共建立秸秆生物反应堆 49 个。2007 年，为了改善日光温室越冬生产环境，在秸秆生物反应堆技术试验、示范获得成功的基础上，承德市蔬菜技术推广站继续在双滦区偏桥子镇和双塔山镇的 300 个棚室开展综合示范与推广。丰宁坝上地区洋葱育苗试验取得成功，开辟了坝上地区洋葱本地育苗、本地栽培的先河，大大节约了育苗成本和运苗费用，使在坝上地区大面积推广理想的换茬作物洋葱更具有可行性。新兴芦笋产业快速发展，承德芦笋种植面积已达到 6 130 亩，特别是“南笋北移”态势初露端倪。2008 年，以承德县、平泉县为主的越夏番茄栽培由 2003 年的 200 亩已发展到 15 000 亩。以承德县、滦平县、丰宁县为主的芦笋基地面积已达到 7 130 亩。奥运会在北京召开之际，承德市作为奥运会专用蔬菜供应基地之一，历时 78 天，共生产供应蔬菜种类 10 种，总供应量 177.74 吨，圆满完成奥运蔬菜保障工作。2009 年，承德芦笋种植面积达到 7 310 亩，品种主要为阿波罗、冠军、2000-3 F1 优质绿芦笋。承德市政府召开了设施农业现场会，会后又下发了《关于做好设施农业发展工作的通知》，根据会议精神和通知要求，各县区纷纷成立设施农业发展领导小组，制订设施农业发展实施意见和发展规划，出台发展扶持优惠政策，广泛宣传发动，掀起了承德设施农业发展的新高潮。2010年，国务院办公厅出台了《关于统筹推进新一轮“菜篮子”工程建设的意见》；国务院常务会议专题研究部署了进一步促进蔬菜生产、保障市场供应和价格基本稳定工作。河北省委、省政府也十分重视蔬菜产业发展，及时制定了《关于加强示范县建设促进蔬菜产业又好又快发展的意见》，承德市政府也制定出台了《关于加快蔬菜产业发展和保障市场供应的意见》，并召开了全市加快蔬菜产业发展和保障市场供应视频会议，统一了加快发展蔬菜产业的思想认识，厘清工作思路，突出工作重点，确保各项工作落实到位。这年因受雪灾和极端天气的影响，承德现有日光温室遭到大范围破坏，为了更好地规范本地日光温室建设，优化日光温室结构，提高日光温室的冬季抗寒能力，承德市农牧局印发了《承德市越冬型日光温室建造标准》，供各县(区)在指导建设日光温室过程中参照执行。由承德市蔬菜技术推广站编制的《绿色食品番茄生产技术规程》《绿色食品温室、大棚黄瓜生产技术规程》《绿色食品马铃薯生产技术操作规程》《绿色食品胡萝卜生产技术规程》正式发布，承德市蔬菜标准体系由无公害向绿色提升。2011年，受全国蔬菜价格普遍走低的大环境影响，承德蔬菜总产值比前一年略有下降。承德市科技局、承德市农牧局在滦平县召开了全市设施蔬菜生产现场会，为全面提升承德日光温室建设档次，增强防灾抗灾能力，提高冬季蔬菜生产能力起到了重要的推动作用。全市大力推广番茄、西葫芦、茄子、辣椒、芹菜等产品，进一步改善了本地冬季蔬菜生产结构，冬茬黄瓜种植比例由90%调整到了80%，其他蔬菜产品由10%调整到了20%，使承德冬季蔬菜生产实现了多元化发展。

2012年以来，习近平总书记提出深化社会主义经济体制改革和站在新的历史起点上加快完善社会主义市场经济体制改革。经过长期努力,中国特色社会主义进入了新时代,这是我国发展的新的历史方位。这一年承德67家蔬菜企业或蔬菜合作组织与北京市场实现对接,全年供京蔬菜总产量达到了183.62万吨。北京市遭受"7·21"洪灾后,丰宁、滦平、围场、隆化、平泉五县立即组织蔬菜产品支援北京市场,7月26日至8月10日期间,累计调运时令新鲜蔬菜产品1万余吨,支撑了北京市新发地等批发市场的蔬菜供应。2013年,承德不断强化蔬菜标准化生产能力,在分析市场的基础上,积极探索日光温室蔬菜夏季高效种植模式、塑料大棚"春提早—夏季—秋延后"高效种植模式;深入研究生产管理技术,进一步研究"省时、省工、省钱"的生产管理方法,降低生产成本;加强蔬菜标准化技术示范推广,新建蔬菜基地全部实现标准化生产,老旧基地逐步完善,特别是秸秆生物反应堆、微滴灌节水灌溉、两网一膜、粘虫板等实用技术全面应用到位;不断改善蔬菜品种结构,做到分类示范推广、分区种植销售,提升产品附加值。2014—2015年,承德蔬菜产业得到了较快发展,已成为繁荣承德农业农村经济的支柱产业和促进农民持续增收的重要产业。承德蔬菜产业形成3个各具特色的生产基地。一是分布在隆化、丰宁、围场等县的露地错季蔬菜生产基地,重点生产大白菜、甘蓝、菜花、胡萝卜、豆角等叶菜类、根菜类和豆类蔬菜。二是以日光温室为主,越夏大棚蔬菜生产为辅,搭配中小拱棚蔬菜生产的设施蔬菜生产基地。主要分布在承围、京承、承平、承丰公路沿线(包括G112线和S244线)和平泉县的榆树林子、台头山等地。冬季以日光温室瓜类和茄果类生产为主,夏季以大棚茄果类生产为主,中小棚以叶菜类和瓜类生产为主。三是订单蔬菜,依托蔬菜专业合作组织、蔬菜企业,重点生产西兰花、豌豆、菜心、芥蓝、奶白菜等精特菜,主要分布在平泉、隆化、承德县等县。承德市制定出台了24个无公害、绿色蔬菜生产技术标准，实现了主栽产品技术标准全覆盖。2016 年，承德市在滦平、隆化、兴隆、平泉等地建立设施农业物联网控制系统示范应用体系，通过自动检测和调控温室内地温、气温、土壤水分、光照、空气湿度、二氧化碳浓度，使设施环境更符合作物生长规律，节省人工。2017 年 12 月 17 日，中国工程院院士、沈阳农业大学李天来教授授权的承德市蔬菜技术推广站院士工作站正式揭牌成立，试验站站长为王玉宏。2021 年，承德市蔬菜技术推广站院士工作站改为院士重点合作单位。2018 年，承德蔬菜产业协会由承德市行政审批局正式批复成立，平泉市益农科技育苗有限公司董事长庞瑞斌担任协会首届会长。2019 年，承德市国营鱼儿山牧场的高海拔坝上荷兰豆种植基地面积已突破 5 000 亩，7 月中旬至 9 月初上市，产品销往北京、上海、天津、广州等大中城市蔬菜淡季市场。2020 年，承德坚持突出特色拳头品种生产，以平泉、滦平为重点打造冬季日光温室黄瓜规模化基地，以丰宁、隆化为重点打造越夏冷棚番茄规模化基地，以承德县、隆化、丰宁为重点打造越夏冷棚西瓜规模化基地，以丰宁、围场、隆化为重点打造露地叶菜类、根菜类规模化基地。承德市地方标准《越冬型单栋节能日光温室设计建造规范》(DB 1308/T 271—2020)正式发布，此项标准是沈阳农业大学先进技术理念与承德地方区域特色的深化融合，成果水平达国内领先，为承德园艺设施发展提供了有力的技术支撑。2021 年，为以实际行动践行习近平总书记视察承德重要讲话指示精神，进一步调优农业结构和布局，做优做强农业优势特色产业，促进乡村产业兴旺，筑牢乡村全面振兴基础，承德市印发了《承德市乡村振兴优势特色产业示范带推进方案(2021—2023)》，提出重点建设“一号风景大道”生态休闲产业示范带、京沈高铁沿线“平泉香菇”产业示范带、“塞罕坝”高寒地区马铃薯产业示范带、滦河潮河流域道地中药材产业示范带、金山岭长城沿线优质果品产业示范带，蔬菜产业作为承德农业重要产业之一列于建设方案之中。

(二)蔬菜品种

这一阶段承德蔬菜种子资源已极大丰富,品种来源于荷兰瑞克斯旺、荷兰安莎、荷兰德瑞特、以色列海泽拉、以色列泽文、瑞士先正达、日本坂田等国外大型公司和国内的中国农科院、北京农科院、天津农科院等大型科研机构以及山东、河北、内蒙古、辽宁等地种苗公司。随着品种的优胜劣汰与更新换代,在这一阶段曾风靡一时且留下生产痕迹的部分蔬菜品种如下。

莴苣:美国苦苣,日本大速生,意大利生菜,莜麦菜,四季莜麦菜,美国大速生、罗马,玉湖、萨林纳斯(结球)。

芦笋:阿波罗、冠军、2000-3。

胡萝卜:曙光五寸,旭光五寸,美农新黑田五寸,红日五寸,TDV-CRT919,光彩 2 号,新交 3 号,映山红、红映 2 号,ZS07-9,早红 90,旭光五寸、千红 100 日、黑田五寸、改良新黑田五寸。

草莓:卢比,土特拉,红颜,圣诞红,京桃香,京藏香。

球茎茴香:扁玉一号,球玉一号。

马铃薯:荷兰 15。

圆葱:科瑞斯特。

芹菜:四季西芹,长城西芹,文图拉、皇后。

菜花:津雪 88,津雪 89,丰花-60,赛莱斯塔,欧宝,雪顶,美雪,雪山 3 号,雪莲,雪冠 218,CF-E1401,艾菲,高富,马瑞亚,雪莲 808、皇后、雪宝、雪岭 1 号、春早、津雪 88、雪球、福乐、津松 70。

菜豆(芸豆):地豆王一号,地豆王二号,一棵树,超级白不老,长城 3 号,008 五号,架豆 1 号,长城 1 号、2 号,73-8-5 芸豆,富友 968,无筋春棒豆,秋不二,绿龙、架豆王、保丰、83-A、83-B 白不老、紫架豆、泰丰架豆、八月忙。

大白菜：津绿75,80,85，秋霸，秋花，秋实，高抗3号，庆春，金绿5060，良庆，秋美，秋福，福美，早心黄，冀白六号，榆白2号，长城春秀，沪绿85，科丰165，绿丰5号，春绿杜绍菜，J2-049，SJ2-609，绿星70，夏后（江苏），长城2号，春鸣，春夏王，春黄，春奇，高冷地，高寒地，春试1号、春2K06-34，改良67，中白62、中白78、天正秋白、天正橘红、韩春极品、金太阳。

甘蓝：日本铁头，绿海，高原，夏结，东方阳春，铁头2号、3号，玲介，爽白，杰特玛，珂斯玛，铁头一号，红亩（紫），维塔萨（羽衣甘蓝），中甘17、中甘15、中甘21、0416、中甘23，三季获，希望，春甘3号，色丽玛，索玛，阿德玛，庆丰，绿宝石，邢甘23。

西葫芦：碧玉，早花，早丽，早冠，嫩玉，特早秀，特早嫩，早盛，早丽，长城早丰，京葫一号，金色瓜，天玉、冬玉、法拉利。

椒：内椒2号，太空椒，海花3号，津椒3号，959，421，1134，朝研12号，卡迪索，W211，桂香（江苏），北极星（台湾），奥林匹亚，天使，卡佩诺，格鲁西亚，瓦尔特，瓦奇，世纪红，方舟，黄贵人，200701、200702。

茄子：茄杂1、2号，长城长茄，通杂11，园丰，尼罗，以色列长茄，西方长茄、圆杂十六。

番茄：合作903、906、908，布利塔（荷兰），黑桥（台湾），秀女，郎星，秀光，国粹，合作918，粉皇后，秦冠，毛粉15、516、608、802，亚硫6号，索姆，卡依罗，002，美红，粉冠，太空番茄，金百利，红元帅，百利，格雷，红太子，73-571，佳丽，哈特，萨巴塔，中杂102、中杂105。

黄瓜：津绿3号，新世纪，新世纪王，新绿6号，翠冠秋瓜，爱蒂，寒月，新14号，裕优3、4号，丰优1、2、4、5号，银星，北极丰，俄罗斯棚宝，白金条，无刺棒瓜，白美丽，金世纪（济南），戴维斯（中国农科院），拉迪特（瑞克斯旺），泉峰（江苏），津优31、32，夏多星，寒笑长青，国红A，中农21，中荷四号，津优31、32，绿岛3、5、7、9，大包，军科，中农20号。

(三)技术发展

1. 长货架番茄越夏栽培

从2002年开始，承德市的承德、平泉、隆化等地，利用夏季闲置的日光温室或搭建塑料大棚等保护设施，并利用承德这一气候区特有的光照多、夏季凉爽、昼夜温差较大、适于番茄生产的气候特点，在部分区域实施了试种、推广长货架硬果番茄。日光温室在6月初定植，10月中旬生产结束，每亩可生产优质番茄6 000千克左右，增加一茬高效作物。利用塑料大棚在4月移栽，其产量可达到8 000千克以上，产品主要供应市场为长江以南各大城市和香港、东南亚等地区，在当时，日光温室每亩产值达8 000～9 000元，塑料大棚产值可达1 200～13 000元。扣除直接生产成本后，塑料大棚每亩可获纯效益8 000～10 000元，日光温室可获纯效益6 000元。

2. 冀优Ⅰ型日光温室

1996年，河北省开始推广冀优Ⅰ型塑料日光温室，至2003年冀优Ⅰ型温室在承德已大面积推广。其温室主要技术指标为：内跨6.5米，长度不少于50米，脊高2.73米，后墙内高1.5米，宽37厘米，外高2.2～2.5米，后墙培土2米高，最高外宽不低于冻土层，前屋面水平投影5米，前屋面中段采光角32°～19°，后坡水平投影1.5米，后屋面水平投影0.85米，仰角45°。

3. 承德市节能型日光温室建造技术

通过对北纬40°～42°、海拔300～1 300米的承德地区日光温室进行采光结构优化研究，2013 年制定发布了承德地方标准《单栋节能型日光温室建造标准》(DB 1308/T 187—2013)，该标准将节能型日光温室的内跨由 6.5 米提升到了 8 米，长度 80～120 米，脊高 4.3～4.4 米，日光温室前屋面采光角 34°，前屋面呈半圆拱形，采光屋面角度包括地角、腰角、顶角，其中地角 70°，腰角 30°～45°，顶角 12°～17°。前屋面地角处最低作业高度不低于 1 米，依据此标准，新建温室比原有日光温室平均温度高 4 ℃以上，最低温度保持 10 ℃以上，改善了日光温室的冬季生产能力。在日光温室研究不断发展的同时，至 2020 年，通过与沈阳农业大学李天来院士团队合作，承德市制定发布了首个日光温室设计建造规范《越冬型单栋节能日光温室设计建造规范》(DB 1308/T 271—2020)，使承德节能型日光温室建造设计得到进一步规范。

4. 无人机菜田飞防

2015 年，提出农用无人机倾角合力升举式设计，研发出基于此设计的农用植保无人机系统，提高了农用无人机高荷载作业情况下的飞行稳定性，在隆化的白菜、甘蓝、水稻、菜用枸杞等作物生产中率先应用，与人工作业相比较，节约用水 90％以上，节省农药 40.9％，节省人工 91％。作业效率是传统人工植保的 67.5 倍。

5. 全国首个“功能农业扶贫综合示范区”

2015 年，功能农业引入承德；2016 年，承德开始对胡萝卜、马铃薯、食用菌、黄瓜、苹果、番茄、白菜、萝卜、草莓等作物进行富硒试验与示范。首次制定河北省地方标准《富硒胡萝卜栽培技术规程》(DB13/T 2695—2018)、河北省地方标准《富硒农产品硒含量要求》(DB 13/T 2702—2018)，两项河北省地方标准的起草，标志着富硒功能农业标准化技术体系正在逐步形成。2020 年，《承德市功能农业产业发展规划(2019—2025)》编制完成并由承德市人民政府正式签署发布,旨在深度挖掘承德市特色资源优势,推动承德市功能农业向科技创新、高标准万亩示范、功能食品加工以及农旅养融合方向发展,推进“全国首个功能农业扶贫综合示范区”建设。

第四章

承德特色现代蔬菜技术成果

一、露地蔬菜与栽培技术体系

露地菜，旧指不加任何保护措施而生产的蔬菜作物。随着农业技术的发展，现在承德的露地蔬菜栽培，已多采用地膜覆盖、膜下滴灌、光色诱防护、水肥药一体化的保护性技术措施。由于露地蔬菜生产对自然环境的依赖特性，因而极易受霜、冻、雹、温湿度等外界因素影响，经常会出现丰歉年，因此广大农业科技人员和农民总结经验，挖掘和利用植物的适应性，充分认知地方自然环境与季候变迁，逐渐将不同种类的蔬菜驯化种植。1955 年以前，承德没有纯蔬菜种植面积考证。早年间的蔬菜主要在宅旁、大田间、山地地边、坝沿等地零星种植，以人们自食为主。有数据统计始于 1956 年，但面积不是太大，至 1988 年，这期间的承德蔬菜栽培面积始终保持在 10 万亩左右。承德典型的露地时差蔬菜栽培是自 1984 年开始兴起的，农业科技人员在充分利用高山和平地垂直温差及南北地域不同的纬度温差优势的基础上发展露地时差菜，曾在北方率先实现了北菜南运的伟大创举。至今承德露地时差蔬菜栽培面积已达 90 余万亩，成为我国 7 月、8 月、9 月淡季菜的北方重要供应基地。而在不断的发展过程中，承德露地时差蔬菜种植技术也在不断发展，并形成了独具特色的种植技术体系。

(一)承德坝上及周边春夏大白菜栽培综合管理措施

1980年,坝上农科所试种无丝青麻叶白菜成功,结束坝上不能生产白菜的历史。至今,承德坝上及周边高海拔地区已成为我国重要的时差大白菜生产基地之一。承德坝下海拔600～800米、接坝海拔800～1 000米、坝上海拔1 200～1 800米。坝上和接坝菜区无霜期80～90天,大白菜种植以春夏茬育苗移栽为主,一年一收,供应夏季和早秋淡季蔬菜市场;坝下区无霜期110～125天,大白菜除春夏茬外还可复种夏秋茬,供应晚秋、初冬鲜菜及冬储菜市场,该地区冬春寒冷,夏秋冷凉,病虫害发生率低,适宜夏秋茬口蔬菜种植,但春夏茬在苗期要经历低温,易引起先期抽薹,管理上应更加注意。由于市场波动起伏,承德市推行排开播种,产品分批上市,以中和市场风险。

1.前期准备

(1)选择适宜品种:春夏茬白菜较适宜选择耐抽薹早熟品种;夏秋茬品种选择早熟或中早熟品种。

(2)确定育苗时间:春夏茬育苗,坝上地区在4月末5月初,接坝地区在4月中上旬,坝下地区在4月上旬。坝下夏秋菜育苗时间为6月下旬至7月中旬,或7月下旬直播。育苗播种应根据节气和市场预测合理制订种植计划,推荐根据育苗播种时间以每5～10天为一播次进行排开播种,分批定植。

2.育苗

(1)育苗方式:育苗多以采用塑料中小拱棚自育苗为主。早春育苗温度比较低的时候应加盖草帘或棉被保温;夏秋高温季节育苗应注意调节遮阳设备,通风降温。大规模基地种植,使用工厂化育成苗。

(2)育苗基质配置方法:土方、营养钵、连体纸杯育苗,选择未种植过十字花科蔬菜且土质肥沃、疏松的田园土或稻田土，打碎过筛；充分腐熟的农家肥（土杂粪或牛、马圈粪），打碎过筛，将过筛土与农家肥按 2∶1 的比例均匀混合，另外在每立方米混合的肥土中添加草木灰 3.5 千克、磷酸二铵 1.0 千克；或按山皮土 7.5 份、农家肥 2 份、复合肥 0.5 份的比例配置育苗基质。

(3)穴盘育苗：选用 Q50、Q72 育苗穴盘（540 毫米×280 毫米），基质配比为草炭土∶蛭石＝1∶1，每立方米加碾碎复合肥 0.5～1 千克。上述基质配好后用 80%代森锰锌可湿性粉剂 800 倍或硫酸铜 1 000 倍液进行消毒。

3. 播种方法

(1)单位点播：先把营养土平填入苗床内，浇底水，按 10 厘米×10 厘米切方格，每个方格中央播 1～2 粒种子，随播种使用种子高度三倍厚的基质盖严种子。

(2)平面撒播：苗床方格育苗可采用撒播法，在天气晴朗的上午进行播种，用种量 4～5 克/平方米。播种前育苗床要浇足底水，春夏茬口育苗的，要提前 2～4 天浇底水，便于恢复地温。播种前往床面喷一些温水，使种子播在湿土上，如床面过湿则要在床面先撒一层过筛细土再播种。播后盖种子高度 3 倍厚的细土。

4. 苗床管理

大白菜种子经历 13 ℃以下低温，容易通过春化，所以在晚春初夏育苗气温低时，要注意保温，苗床温度不得低于 13 ℃；种子在超过 25 ℃发芽时，虽然速度快，但是幼芽细弱，生长不良，且容易引起病毒病，夏末秋初育苗时要注意遮阳、放风，进行温度控制，苗床温度不得高于 25 ℃。

(1)发芽前期（播种至出苗）：这时要求有充足的水分，较高的床温，良好的通风。此阶段重点是温度管理，苗床的温度以 20～25 ℃为宜。

(2)发芽期(从子叶微展至第一片真叶显露)：此时管理的重点是要适当降低苗床温度，以 13～20 ℃为宜。为了防止出现高脚苗，此时要进行第一次低温锻炼，控制下胚轴因高温引起徒长。同时也要避免苗床低温、寡照、高湿引起苗期病害。

(3)拉十字期(从破心至 3～4 片真叶展开)：此时温度要控制在 13～22 ℃，同时应给予较强的光照强度和较长的光照时间。出苗后要及时查苗补苗。此期间应该间苗 2 次，拉十字时进行第一次间苗，拔出弱小拥挤的幼苗，苗床播种的保持株距 4～6 厘米；第二次间苗在拉十字后一周，有 2～3 叶时，选留苗叶正常且旺盛的幼苗，苗床播种的保持株距 8～10 厘米，并进行中耕，此期间叶面喷施碧护 15 000 倍液一次，预防低温冻害，或高温徒长，促进生根，强壮幼苗。每次间苗后浇小水护根。

(4)拉大十字后期(成苗)：从分苗至定植前是苗期管理的重点阶段，此时需要适宜的温度、充足的光照和良好的营养条件，适宜的温度在 13～25 ℃。

(5)移栽前的锻炼：苗床在定植前 7～10 天应逐渐降低温度，增加通风量，到定植前 3～4 天，使育苗床温度接近栽培地的温度。

5. 整地与定植

(1)机械整地：由于大白菜的根系主要分布在地下 30 厘米左右，因此应保证此范围内土壤的疏松度，以利于大白菜根系生长。菜区土壤相对黏重，多使用横轴式旋耕机进行旋耕整地，小型机械要添加负重物以提高旋耕深度，一般在前一年秋旋耕 30 厘米，反复 1～2 次即可，在次年定植前进行土壤破碎翻松 30 厘米，根据土壤情况反复 2～3 次即可；坝下地区复种夏秋茬大白菜的需在前茬菜收获后随即进行旋耕整地,同时清理田间残留物。

(2)足施底肥:坝上及周边高海拔产菜地区土壤主要有栗钙土、黑土、砂壤土等类型,施肥应根据土壤肥力适度调整底肥用量。大白菜生长期长,产量大,需肥多,因此结合整地应施入大量有机肥料。一般定植前,施用完全腐熟的农家肥 3 000～5 000 千克/亩或生物有机肥 2 000 千克/亩;熟石灰 24～34 千克/亩,补充钙含量;底化肥选用养分完全的高浓度撒可富三元复合肥 28～48 千克/亩。有机肥、熟石灰要均匀撒施畦面,化肥可撒施或随多功能铺膜机一并施入。

(3)起高畦、除草、覆膜一体操作:施完底肥采用起高畦、除草、施肥、覆膜多功能机械做畦,设定畦面宽 65～70 厘米,沟宽 35～30 厘米,畦高 10～15 厘米,每亩用氟乐灵除草剂 100～150 克兑水 50～60 千克和硼肥(纯度≥95%的农用硼砂)600～1 000 克兑水 350 千克均匀地喷洒在床面上,随设备下翻入土。高海拔地区风大,机械覆膜(90 厘米×0.008 毫米)时要根据土壤情况适当进行配重,保证地膜拉紧压实,每隔一段距离在膜上压一小土埂,以防大风揭膜。

(4)人工定植

①定植标准:苗龄 30 天左右,根系发育好,株高 8～12 厘米,颜色浓绿,无病斑无虫害,容器育苗移栽的苗龄不宜过大,幼苗 4～6 片叶为移栽适期,坝上及周边高海拔冷凉地区春夏茬口幼苗 4～6 片叶时定植。坝下地区复种夏秋茬 4 叶 1 心即可定植,此外还可以进行干籽直播。

②合理密植:在地膜床面上按行距 50～60 厘米、株距 40 厘米开穴,一畦两行,品字形栽苗,每亩定植 2 800～3 500 株,夏秋定植采用较小密度。

③移栽方法:由于大白菜属半耐寒性植物,生长的适宜温度为 15～22℃,因此大白菜定植应当在气温稳定在 13℃以上时进行,足苗

龄,才可移栽定植。方块育苗、连体纸杯育苗,移栽前一天在苗床内浇水,以利起苗带土,第二天起苗时,要带土坨以减少根部损伤,营养杯、穴盘育苗的定植前一天应适度浇水,土壤见湿见干,便于与容器分离。定植时要坐水栽苗,栽植深度以根部土块表面与畦面相平为度。栽后随即用土封穴,注意封严地膜定植孔。

④定植管理:定植后立即浇小水护苗,随即叶面喷施碧护一次(3～5 克/亩)促进缓苗,同时春夏茬可预防低温冻害,夏秋茬可预防高温不长。

6. 田间管理

(1)温度管理:坝上及周边高海拔地区春末夏初气温低,因此春夏茬口苗床温度掌握在夜温不低于 13 ℃为宜;露地直播应根据气象信息确定播种日期,要求旬平均温度不低于 13 ℃;定植后要尽量避开 13 ℃以下的低温,以防抽薹;夏秋季气候冷凉,温度适合大白菜结球期生长,同时适宜复种二茬大白菜。如出现极端高温或高温天气可叶面喷施碧护一次(3～5 克/亩),以利于作物保护。

(2)浇水与追肥

①按需浇水:莲座期在管理上要充分供给莲座叶生长所需的养分和水分,根据天气情况每 5～7 天浇水一次,但此时期不宜过多浇水,保持土壤见湿见干,要加强中耕,促进根系生长;结球前期是产量形成阶段,作物需要大量养分和水分,此阶段应加强水、肥管理;结球后应适当降低浇水频次。

②高效施肥:由于春夏茬白菜多使用早熟品种,其生长期较短,在保水、保肥较好的地块上,在足施底肥的基础上,铺膜种植基本上无须进行多次追肥,如后续肥力不足,可在结球前期随水追施尿素 15 千克/亩加硫酸钾复合肥 20 千克/亩;而在种植中早熟、中熟品种时,以及在土壤有机质含量低、水肥渗漏严重或无地膜覆盖的地区,

为了保证目标产量可采用分次追肥，即缓苗后追施一次发棵肥，随水或棵间点施尿素10千克/亩；在结球开始的前几天，追施尿素15千克/亩加硫酸钾复合肥20千克/亩；结球后15天左右追施尿素7.5千克/亩。

大白菜灌溉用水量约为每亩300立方米，使用喷灌设备较漫灌可节水约30％，使用滴灌设备较漫灌可节水约40％，而且使用滴灌设备可添加水肥一体化组件，可减少追肥用工量。

7.常见病、虫害及防治措施

高海拔地区气候冷凉，紫外线强度大，病虫害发生相对平原地区较少，春夏茬强调"虫病害"防治，夏秋茬强调"病虫害"防治，优先使用农业方法、物理方法进行预防，加强病虫预测。

(1)农业措施：培养良好的劳作习惯，虫害防治应在春、秋进行深翻整地，冻、晒虫卵及虫体，随犁灭虫，降低虫口密度；病害防治从选用抗病品种入手，做好种子消毒或选用包衣种子，有机肥充分腐熟，采用高畦栽培，防止田间积水，发病后及时清除病残体，病穴用生石灰消毒；同时要加强中耕，及时清洁田园，进行农事操作时，尽量注意减少人为损伤。

(2)物理措施：一是利用性诱剂诱杀小菜蛾、斜纹夜蛾、甜菜夜蛾等害虫，性诱剂每亩3～5套；二是利用黄板诱杀有翅蚜，黄板每亩用量20～30张(20厘米×25厘米)；三是利用糖醋液(糖、醋、酒、水、90％敌百虫晶体按3∶3∶1∶10∶0.5的比例配成溶液)诱杀种蝇、地老虎等部分主要地下害虫，糖醋液每亩设定4～6个点；四是在面积较大且集中的大规模生产基地，设置频振式杀虫灯诱杀大部分鳞翅目、鞘翅目有害成虫，每台灯控制面积30～60亩。

(3)药剂措施：

①防治软腐病。白菜柔软组织被侵染后呈水渍状半透明，并有

恶臭，病变组织变成黏滑的糊状物，外叶常萎蔫露出叶球。该病能危害几十种蔬菜，能在田间连续不断传播和侵染。田间操作时要尽量避免碰伤植株。发现中心病株要连根挖出深埋。拔后的株穴撒生石灰后覆土踏实。推荐使用78％硝基腐殖酸铜可湿性粉剂600倍液或77％氢氧化铜可湿性粉剂500倍液喷淋防治。从莲座期开始从7～10天间隔喷3次，预防效果最佳。

②防治霜霉病。霜霉病病斑呈多角形或不规则形，相应部位中背面有白色霜霉茸毛。推荐使用70％丙森锌可湿性粉剂（安泰生）500倍液进行发病前喷雾预防；使用40％三乙膦酸铝可湿性粉剂150～200倍液或72.2％霜霉威水剂（普力克）800倍液或66.8％氟吡菌胺·霜霉威水剂（银法利）600倍液或66.8％缬霉威·丙森锌（霉多克）800倍液或50％烯酰吗啉可湿性粉剂（安克）800倍液喷雾防治。

③防治黑斑病。白菜黑斑病显淡褐色至黑褐色，四周有晕圈，病斑上有黑色霉状物。推荐使用70％丙森锌可湿性粉剂（安泰生）500倍液或25％嘧菌酯悬浮剂（阿米西达）3 000倍液进行发病前喷雾预防；使用50％异菌脲可湿性粉剂（扑海因）1 500倍液或43％戊唑醇悬浮剂（好力克）3 000倍液喷雾防治。

④菜青虫防治。菜青虫是菜粉蝶（又名菜白蝶、白粉蝶）的幼虫，一年中以春夏之交和秋季发生量最大，在少量发生时可进行人工捕捉。捕捉幼虫、蛹及成虫是很容易做到的，成虫用网捕效果好。推荐使用50％虱螨脲（美除）1 000倍液或15％茚虫威悬浮剂（安打）3 000～4 500倍液或2.5％溴氰菊酯乳油（敌杀死）1 500～2 000倍液或4.5％高效氯氰菊酯乳油1 500～2 000倍液或高氯·甲维盐乳油（杀蛾妙）2 000～3 000倍液喷雾防治。

⑤小菜蛾防治。由于小菜蛾老龄幼虫抗药性很强，因此药剂防治应注意区别。田间发现小菜蛾成虫后10天，植株心叶出现一龄幼

虫,虫体白色、细小,此时为防治最佳时期;田间发现小菜蛾成虫15天后,小菜蛾进入2龄期,此时为防治关键时期,用药浓度加大,且药液量增加,植株全株都要均匀喷洒药液;小菜蛾经过前三次用药基本能控制住,以后每5～7天用药一次;田间发现小菜蛾成虫30天后,小菜蛾进入二次发生高峰,应注意田间观察,及时用药,推荐使用1.8%阿维菌素乳油3 000倍液或50%虱螨脲(美除)1 000倍液或5%氟啶脲乳油(抑太保)1 000倍液喷雾防治。

⑥蚜虫防治。为避免蚜虫产生抗药性,同一种农药一般只能在同一个地方连用2次,轮换用药。应注意田间观察,及时发现,在发生高峰前及早防治。喷药要均匀润湿,连续2～3次,相隔5～7天。由于蚜虫喜欢碳水化合物,在栽培过程中要多用腐熟的农家肥,尽量少用化肥。推荐使用50%抗蚜威可湿性粉剂(辟蚜雾)2 000倍液或2.5%溴氰菊酯乳油(敌杀死)1 500倍液喷雾防治。

⑦蝼蛄、蛴螬、金针虫、地老虎、种蝇等地下害虫的防治。播种或移栽前可采用饵料法进行防治,用50%辛硫磷乳油,每亩用40～50克,加水0.5～1千克,拌饵料(炒熟谷秕、谷糠或麦麸)5～7千克,混匀,播种或做床时均匀撒施。苗期可使用灌根法进行防治,用50%辛硫磷乳油1 500倍液、98%敌百虫晶1 500～2 000倍液灌根,每穴200～300毫升,在种蝇幼虫初发期或地下害虫盛发期防治效果最佳。

⑧黄曲条跳甲、象甲、黑绒金龟甲防治。推荐使用2.5%联苯菊酯乳油3 000倍液喷雾、2.5%溴氰菊酯乳油1 500～2 000倍液喷雾;50%辛硫磷乳油1 000～1 500倍液、5%来福灵乳油2 000～3 000倍液、20%速灭杀丁乳油3 000～4 000倍液于成虫活动盛期喷施防治。

8.收获

结球达到80%～90%时,进入收获期,每茬口平均亩产量5 000～6 000千克,净菜率85%以上。收获前7～10天应停止浇水,且停止使用化学药剂。收获时可捏试白菜头部，结球度以稍微发软为最佳。成熟度过大，白菜易裂球，且如遇下雨天气白菜会腐烂，带来损失。因此，要掌握适时收获。

9. 注意问题

(1)春夏茬大白菜先期抽薹问题。可从三个方面防止，一是选用冬性强的抗抽薹品种；二是根据当地气候条件，严格掌握播期；三是苗期注意保持 13℃以上的夜间温度，以防因低温引起花芽分化。

(2)重点防治小菜蛾。应在田间发现成虫后及时进行防治，宜早不宜迟。

(3)农药要交替使用，每种农药只能使用 1～3 次。

(二)坝上及周边高海拔地区胡萝卜高效栽培管理技术

坝上地区被誉为“河北生态农场”，种植的胡萝卜集中在 7—9 月收获，此时正是我国蔬菜市场供应不足的时期，产品受到广大客户的欢迎。承德是我国重要的春夏胡萝卜种植基地，胡萝卜年播种面积稳定在 6 700 公顷。近年来随着种植结构的调整，坝上胡萝卜的种植模式已由传统家庭式栽培向农场式的半机械化集中连片种植转变，在不断地探索和发展过程中，积累了丰富的坝上高海拔地区胡萝卜种植管理经验，非常值得推广。

1. 技术特色

与传统栽培相比较，该技术措施在胡萝卜种植的播种和收获两个劳动力投入最大的阶段引入高效机械，减少播种和收获时期人工投入约 80%。

2. 春夏胡萝卜安全高效栽培制度

该技术适用范围为承德坝上及同等类型地区露地春夏胡萝卜种植。当 10 厘米地温稳定在 4℃，气温稳定在 7～8℃时即可播种，一般播种期在4月上中旬，应适时播种。

3.品种选择

品种应选择抗病性、抗逆性强，商品性好的鲜食、加工兼用型的。

4.整地施肥技术

(1)整地：前一年末茬收获后要及时清理田间杂物，并用拖拉机牵引横轴式旋耕机翻地松土25～35厘米，有利于蓄水保墒，为翌年种植打好基础。当年播种前，如果土壤墒情不好，应补水造墒，使用喷灌在播种前3～5天进行，漫灌在播种前10～20天进行，待土壤干松后用横轴式旋耕机细致松土25～35厘米，松2～3遍。每隔2～3年进行一次土壤深耕，为作物生长创造良好的土壤环境。

(2)土壤改良：由于坝上地区土壤性质差异、农民习惯性连作等因素，使得菜区部分土壤环境恶劣，应进行土壤改良操作。增施有机肥是土壤改良的最根本措施，并应在增施有机肥的基础上合理施用化肥。酸性较强、土质黏重、有机质含量较高的土壤，应适当增施石灰，一般每亩基施35～45千克，每隔2～3年进行一次；碱性强的土壤，每亩施用石膏15～25千克。

(3)施肥：胡萝卜需氮、钾肥较多，磷肥次之，吸收氮、磷、钾的比例约为2.5∶1∶4。每亩施用完全腐熟的优质农家肥3 500～5 500千克(施用前用50%肟硫磷乳油500倍液处理)，加硫酸钾型三元复合肥50～60千克，或磷酸二铵10～15千克加硫酸钾5.0～7.5千克。每亩加入硼砂1.0～1.5千克。将以上肥料混合均匀，集中撒施在种植带上。

(4)地膜覆盖：选用宽度90～100厘米、厚度0.005～0.008毫米地膜，每亩用量约5千克。种植带用50%肟硫磷乳油1 000倍液进行土壤处理。随铺膜每亩喷施48%氟乐灵乳油200倍液约30千克(含原药 150～200 克）。膜上每隔 2.5～3.0 米压一道土埂，防止大风揭开地膜。

5. 机械播种技术

使用拖拉机牵引铺膜播种联动机械准备栽培垄，要求垄高 20～25 厘米，宽 65～70 厘米，每垄 4 行，行距 10～15 厘米，种植沟深 8～10 厘米，播种点距 10～12 厘米，每点落种 2～3 粒，覆土 0.5～1.0 厘米。

6. 发育特性

胡萝卜从播种到采收的生育期可分为 4 个生长阶段，即播种后从种子萌发到第一片真叶长出为发芽期；从第一片真叶展开到第六片真叶展开为幼苗期；从第六片真叶展开到叶片基本停止分生、肉质根开始膨大为莲座期；从肉质根开始膨大到收获期为肉质根膨大期。莲座期叶片数量迅速增加、叶片长大，为肉质根的膨大奠定基础，此时是田间管理关键时期。

7. 田间关键技术

(1)调控温度：发芽期应注意随时修补破损的地膜，保证地膜封闭，确保膜下温湿度；幼苗期膜下温度不超过 35℃，防止烧苗；待长出 2～3 片真叶时放风、间苗、清除压膜土埂，初放风时风口直径要求小于 0.5 厘米，风口位置要避开幼苗，密度不宜过大，防止闪苗；幼苗生长至 4～5 片真叶时，逐步调整放风口位置和大小，随定苗进行引苗，防止接触地膜高温烫苗。

(2)合理中耕：一般在每次间苗、定苗后，待土壤湿度适宜时进行中耕，打破地表毛细管结构，降低水分散失，促进根系生长。胡萝卜根系主要分布在 10～20 厘米土层，所以中耕不宜过深；在莲座末期封垄前进行中耕要注意培土至肉质根头部，避免肉质根顶部露出地面形成绿肩;操作中避免造成机械损伤。

(3)协调水分:发芽期至幼苗期这一阶段适逢春末夏初,空气与土壤温度较低,在底水与苗水浇足的前提下,直到莲座期之前不需要再浇水,防止徒长;莲座初期肉质根开始膨大时应浇一次透水,促进叶片生长和肉质根纵向伸长,此后要适当控制浇水,在促进根部伸长的同时抑制侧根生长;到肉质根膨大期外界气温开始升高,应保证充足的水分供给,同时有利于降低土壤表层温度。

(4)按需追肥:胡萝卜在足施基肥的情况下不用追肥;如需追肥可在肉质根膨大期植株封垄前随水追肥或叶面追肥 1～2 次。

8.病虫害管理

高海拔地区气候冷凉,病虫害发生相对平原地区较少,病害发生相对较轻,优先采取农业措施进行预防,加强病虫预测,配合化学防治措施,各农药品种的使用要严格遵守安全间隔期。

(1)农业措施:合理布局,实行轮作倒茬,减轻地下害虫危害;要在春、秋深翻整地,冻晒虫卵及虫体,随犁灭虫,降低虫量;定植前应清除菜地的残株、老叶、杂草等,并集中烧毁;加强中耕除草,清洁田园,及时摘除被害叶片并深埋,大量杀死蛹体,减少虫源;进行农事操作时,注意尽量减少对叶片的伤害;发现传病害虫时要及时防治;等等。

(2)虫害的化学管理:胡萝卜以蝼蛄、蛴螬、金针虫、地老虎等地下害虫防治为重,同时兼顾小菜蛾、菜青虫、甜菜夜蛾、蚜虫等害虫的防治,化学防治要选用高效、低毒、低残留类农药和生物杀虫剂,蔬菜收获前 15 天停止用药。推荐防治药剂见表 4-1。

表 4-1　蔬菜防治虫害重点推荐农药品种

防治对象	农药名称
地下害虫	二嗪磷、辛硫磷
小菜蛾	苏云金杆菌、苦参碱、甲氨基阿维菌素苯甲酸盐
菜青虫	灭幼脲、藜芦碱、印楝素
甜菜夜蛾	茚虫威、虫螨腈、氟铃脲
蚜虫	鱼藤酮、噻虫嗪、吡蚜酮

(3)病害的化学管理：生产中常发生的病害主要有细菌性疫病、细菌性软腐病、真菌性黑腐病。药剂防治推荐病害防治药剂见表4-2。

表 4-2　蔬菜防治病害推荐农药品种

防治对象	农药名称
细菌性疫病	新植霉素、络氨铜、可杀得
细菌性软腐病	噻菌铜、硝基腐殖酸铜
真菌性黑腐病	丙森锌、百菌清、唑醚·代森联

9. 胡萝卜采收

(1)采收步骤：当肉质根长到17～18厘米，尖部变得钝圆便可采收，采收使用根茎作物收获机(如银河牌4KJW-1800型胡萝卜收获机)，随采收进行人工初步分拣。为进一步提高商品性，可在收后去缨、清洗去掉泥沙，精选分级。每亩产优质胡萝卜3 000千克以上，含脱水菜级胡萝卜约500千克。

(2)分级标准：产品分级标准见表4-3。

表 4-3 承德胡萝卜分级标准

分级	市场	重量/克	外观	包装
一级	出口	200～300	外观整齐、表皮光亮、圆柱形、里外三红	专用纸箱
二级	内销	100～200	外观较整齐，无开裂，无分叉	塑料袋
三级	脱水菜	不要求	畸形、青肩、开裂等均可，但无腐烂	

(3)注意事项：

①选地。应选择土质疏松肥沃、排灌水条件较好的壤土或沙壤土，防止因土壤黏重不易透气，导致肉质根产生瘤状突起、须根。

②整地。耕作层深度一般为25～35厘米，当少于20厘米时，胡萝卜生长过程中若遇到硬物或土壤溶液浓度过高，易出现分叉或弯曲。

③未熟抽薹。胡萝卜幼苗期遇15℃以下低温时，易通过春化，花芽分化后在温暖及长日照条件下抽薹开花。为防止未熟抽薹，应选择适宜的播种期，不宜过早；选择冬性强、不易未熟抽薹的品种；不用陈旧种子；加强水肥管理。

④田间管理。若浇水不足，则肉质根瘦小而粗糙，若供水不匀，则易引起肉质根开裂；注意培土，防止肉质根膨大初期遇到高温、强光，导致胡萝卜素、茄红素的积累受阻，产生颜色变异。

⑤采收。采收时气温较高，要及时采收，适时上市，采收过早肉质根未充分膨大，产量低，品质差，采收过晚易木栓化，降低胡萝卜素含量。

(三)坝上及周边高海拔地区结球甘蓝种植综合技术

结球甘蓝是坝上地区种植的主要蔬菜品种之一，但易受市场供需影响，在部分年景会出现集中上市，销售受阻，带来经济损失。同时，冷凉地区种植结球甘蓝容易出现先期抽薹。通过选择耐抽薹品种、调整播种期、加强苗期管理等措施实现结球甘蓝的安全生产，同时，根据不同的海拔和市场定位划分播期可以避免大面积集中供应，有效规避市场风险。

1. 优选品种

冷凉区域种植的结球甘蓝要选用冬性强的品种。

2. 确定播期

(1)播种原则：播种期应根据节气和市场预测，合理制订种植计划，集中连片的规模种植地块之间应采取排开播种、分批定植，一般可分 3 个播次播种，每播次间隔 5～10 天，或使用不同生长期的品种交错种植，形成延续性的采收上市，避免大面积集中供应，规避市场风险。

(2)市场定位：该地区重要的种植茬口是春夏茬，产品供应夏秋淡季蔬菜市场，可获得较高的经济效益；坝下可续播夏秋茬，产品供应秋冬蔬菜市场，部分满足冬储需要。

(3)播期划分：采取育苗移栽，坝上寒温区(海拔 1 200～1 800 米)无霜期 60～80 天，播种时间为 4 月末至 5 月中旬；接坝近冷温区(海拔 800～1 000 米)无霜期 70～90 天，播种时间为 4 月中旬至 6 月上旬；坝下凉温区(海拔 600～800 米)无霜期 100～125 天，播种时间为 4 月上旬至 6 月下旬。

3. 育苗播种

(1)基质准备：育苗基质使用近三年来未种过十字花科蔬菜的肥沃园土或山皮土 2 份，充分腐熟的圈肥 1 份，混合过筛，每立方米添加碾碎的三元复合肥 1 千克；穴盘育苗(Q50、Q72)基质使用草炭土 1 份，蛭石 1 份，每立方米加碾碎三元复合肥 1 千克；基质配好后用 50%多菌灵可湿性粉剂或 70%甲基托布津可湿性粉剂进行消毒，每平方米用药量为 8～10 克。

(2)精量播种:采用点播法,每穴2~3粒,穴盘每格1~2粒,每平方米用4~5克撒播;播种要选择在晴暖天气的上午进行,基质要在播种前几天浇足底水,浇后有一定时间提高地温;临播前在基质上喷点温水,以湿润基质,种子播于湿土上,如过湿可先撒一薄层细土再播种;种子覆土厚度0.6~0.8厘米,上面覆盖一层报纸,用喷壶将报纸喷湿,每隔50~60厘米插高50厘米以上的小拱架,覆盖一层薄膜;使用穴盘、营养杯等循环使用的容器进行育苗时,播种前要先用0.1%高锰酸钾溶液进行容器消毒。

4. 苗期管理

(1)注意事项:结球甘蓝是冬性较强的植物,适宜在坝上地区种植,但结球甘蓝属于低温长日照绿体春化型植物,如在苗期或莲座期遇到连续性低温条件(10℃以下),一旦遇到长日照,就不能形成正常的叶球、进入生殖生长而出现先期抽薹。结球甘蓝在冷凉季节育苗时气温低,因此应该注意适当晚播,在幼苗达不到通过低温春化要求的大小时,即使遇到倒春寒天气,也不易发生未熟抽薹;当播期适合时,如苗床温度过高,会使幼苗生长加快,易发生徒长,很容易提前达到通过春化要求的大小,定植前后遇到低温,也会发生未熟抽薹。因此结球甘蓝种植应适时播种、控制苗床温度、加强苗期管理、培育壮苗。

(2)综合管理:一是对苗床采取分阶段温度管理,即播种至齐苗时温度保持在14~25℃,当出苗70%以上时要及时去除覆盖的报纸;齐苗至分苗时6~17℃,齐苗后应注意通风,防止徒长,在2叶1心时间苗、分苗;分苗至缓苗时14~22℃;缓苗至定植前10天时10~18℃,在缓苗后划锄2~3次,加强通风,锻炼幼苗,适当蹲苗,防止徒长,在幼苗长到4~5片叶或茎粗超过0.6厘米时应避免10℃以下低温,以免引起先期抽薹;定植前10天至定植时8~15℃,定植前5~7

天昼夜不盖，逐步降低温度至室外温度，当幼苗长到6～8片叶，茎粗0.45厘米以上时定植为宜。

二是出苗后床土不旱不浇水，浇水宜浇小水或喷水，一直到分苗时才浇透水，一般在播种或分苗浇足底水的情况下，注意保墒，控制浇水，以防幼苗徒长和发病；育苗期间也要观察幼苗长势，必要时轻浇1～2次肥水，避免出现老化苗。

三是春夏茬育苗时温度低，要加强保温措施，设施外加盖保温棉被；夏秋茬育苗时温度高，可采取浇水、遮阳等方法降温，同时要防止床土过干，及时排除苗床积水，分苗后要适当遮阳。

四是苗床不要过于拥挤，使叶片生长受到抑制，定植后缓苗慢，春夏茬定植苗龄不宜过小，夏、秋茬定植苗龄不宜过大。

5. 整地、施肥、做畦

(1)深松整地：结球甘蓝的根为圆锥根系，主根不发达，须根多，容易发生不定根，须根主要分布在30厘米深、80厘米宽的范围内，最长可深至60厘米和宽至100厘米，其根系对水肥吸收力强，因此创造适宜根系生长的土壤环境是获得丰产的基础。种植结球甘蓝的土地在前一年收获后应深翻不小于30厘米，次年定植前清理田间杂物，浇足底水，当田间湿度适宜劳作后进行旋耕整地，深度不小于30厘米。

(2)足施底肥：应根据地力情况合理施肥，当种植极早熟、早熟品种时施肥应以基肥为主，种植中早熟、中熟品种时，除重施基肥外还应加强追肥；一般定植前每亩施用完全腐熟的农家肥3 000～5 000千克或生物有机肥1 000～2 000千克；底化肥每亩使用养分完全的三元复合肥25～50千克；有机肥要均匀撒施在畦面，化肥可撒施或随机械施入。

(3)起垄作畦：采用高畦或半高畦地膜覆盖栽培，畦面宽70厘米，沟宽30厘米，畦高10～15厘米，覆膜(90厘米×0.008毫米)时要拉紧压实，隔段距离压一土埂，以防大风揭膜；在铺设地膜种植时，膜下容易滋生杂草，消耗地力，影响蔬菜生长，同时容易传播病虫害，因此整地做畦时要先行除草，一般用 400～500 倍液氟乐灵除草剂随铺膜喷施。

6. 壮苗定植

(1)壮苗标准：苗龄 35～45 天，根系发育好，节间短，茎粗壮，不徒长，颜色浓绿，无病斑无虫害，幼苗 6～8 片叶，茎粗 0.45 厘米以上为壮苗标准。

(2)合理密植：按行距 30～50 厘米开定植穴，“品”字形栽苗，每亩定植数量 3 400～4 500 株；夏、秋茬定植时温度高，不利于甘蓝生长，植株开展度较小，定植时选择较大密度。

(3)定植方法：带土定植，避免根部损伤，易于缓苗；坐水栽苗，定植孔深度以根部土块表面与畦面持平或略低为宜；定植后用土封严定植孔，之后立即浇小水护苗，同时叶面喷施碧护一次(1 克兑水 15 千克)，以促进缓苗，低温季节可预防抽薹，高温季节可预防不长；春、夏茬定植时气温低，应尽量选择晴天中午前后进行，夏秋茬气温高时应尽量选择阴天午后时间进行。

7. 田间管理

冷凉季节定植时温度比较低，作物根系吸收磷素能力降低，碳水化合物运转受阻，导致花青素的积累而呈现紫苗现象，当紫苗转绿时表明缓苗结束。

(1)科学追肥：结球甘蓝对外界条件的要求基本上和大白菜相同，但比大白菜适应范围广，且抗性也较强，喜温和冷凉气候，对土壤的适应性较强，高海拔坝上菜区土壤都较适合其生长；结球甘蓝是喜肥和耐肥的作物，其吸收量比一般蔬菜多，营养生长期吸收氮、磷、钾之比为3：1：4，在幼苗期和莲座期需氮肥多，结球期需要磷、钾肥多；莲座期叶片和根系生长速度快，应注意肥水管理；在结球前的莲座末期应重施追肥，结合浇水，每亩追施尿素10千克，这是结球甘蓝丰产的关键；从开始结球到形成紧实的叶球而达到收获标准时为结球期，此时更应加强肥水管理以促进叶球紧实，应根据品种及长势，结合浇水，每亩追施尿素10～15千克，过磷酸钙25千克，草木灰100～150千克（不宜与硫酸铵等铵态氮肥混合使用），中熟品种随浇水多追施一次。

（2）中耕浇水：结球甘蓝抗旱能力差，应注意浇水管理。定植幼苗时浇一次定植水，4～5天后轻浇1次缓苗水，随后进行中耕2～3次，此时中耕应深耕畦沟，要全面锄透，不要损伤地膜，有利于增加土壤通透性和保水性，提升地温，促进根系生长；定植缓苗后随即进入莲座期，此时应控制浇水，土壤保持上干下湿，并进行蹲苗，切忌过分蹲苗影响产量，同时要进行划锄中耕2～4次，促根壮秧，有利于结球；蹲苗应根据实际情况进行，在底墒不足、长势欠佳或生长受阻时，应以促为主，适度蹲苗或不蹲苗；到莲座末期开始结球时应浇大水，大水标准以沟满（深10厘米）为准；从结球开始浇大水后，叶球生长速度加快，需要水分多，应根据天气情况经常浇水，一般地面见干就应该浇水，一直到开始收获，每次收获后都应浇水一次，如产品外销，一般在收获前几天停止浇水，以防裂球。

（3）病虫害控制：海拔600～1 800米的高海拔坝上地区太阳辐射强，紫外线强度大，病害发生相对较轻，以虫害防控为主，采取“预防为主，综合防治，优先采用农业、生物、物理方法”的防治措施。由于甘蓝类蔬菜芥子油糖苷含量高，对半翅目蚜虫，鳞翅目小菜蛾、菜粉蝶、斜纹夜蛾、甜菜夜蛾等有较强吸引性，应重点防治；农事作业上应实行轮作倒茬，及时清理田间残留物，秋冻春翻，随犁灭虫，降低虫量，同时加强中耕除草，清除受害叶片，劳作时避免对植株损伤；物理防治可采用黄板、性诱剂或杀虫灯诱杀；药剂防治应在发生初始阶段进行，选用50％虱螨脲（美除）1 000倍液或15％茚虫威悬浮剂（安打）3 000～4 500倍液或2.5％溴氰菊酯乳油（敌杀死）1 500～2 000倍液喷雾防治；对黄曲条跳甲、蝼蛄、金针虫、金龟甲等可在播种或移栽前撒施毒饵毒杀，在成虫活动盛期喷雾或根灌防治，药剂可选用2.5％联苯菊酯乳油3 000倍液或2.5％溴氰菊酯乳油1 500～2 000倍液或20％速灭杀丁乳油3 000～4 000倍液等；甘蓝霜霉病发病初期使用72.2％霜霉威水剂（普力克）800倍液或66.8％氟吡菌胺・霜霉威水剂（银法利）600倍液喷雾防治；软腐病发病初期使用78％硝基腐殖酸铜可湿性粉剂（万家）600倍液或77％氢氧化铜可湿性粉剂（可杀得）500倍液喷淋防治，在莲座期开始7～10天间隔喷3次预防效果最佳；黑斑病发病初期可用50％多菌灵可湿性粉剂600倍液或70％百菌清可湿性粉剂600倍液喷雾防治，隔7～10天喷1次，连续防治2～3次。

8.收获

叶球紧实度达到八成时即可采收，上市前去掉外叶，按球大小分级包装上市，提高甘蓝的商品性。一般平均亩产量4 000千克左右，净菜率80％以上。

（四）高海拔坝上地区露地西葫芦清洁栽培技术

露地西葫芦是冀北坝上及周边高海拔时差蔬菜产区的重要组成部分，常年栽培面积近万亩。近年来，随着除草地膜、水肥一体化灌溉、绿色防控等清洁栽培技术的广泛应用，露地西葫芦种植过程中的药肥污染得到有效控制，面源污染途径不断减少，水资源利用率明显提高，农业节能减排效果显著。

1. 品种选择

坝上地区风沙大，露地栽培选择耐寒、抗逆、优质、高产的矮生品种为佳。

2. 合理播期

栽培上应遵循"适时播种，排开定植，分批采收，持续上市"的基本原则，坝上及其周边高海拔地区露地西葫芦的育苗播种时间在 4 月上中旬至 5 月上中旬，5 月底至 6 月初气温稳定在 10 ℃时即可定植，6 月底陆续采收，9 月上中旬采收完毕。播种时可根据市场预测，每个播次间隔 5～10 天，这样做可同时与本埠和外埠的种植基地形成大小两次时差，避免产品大量集中上市，规避市场风险。

3. 容器育苗

(1)种子处理：亩用种量 300～400 克，播前进行种子处理，将待播种子在 50～55 ℃的温水中浸种 15～20 分钟，之后保持水温 26～30℃继续浸种 3～4 小时，捞出搓洗、沥干后用湿润透气的纱布或毛巾包好，放置到 25～30 ℃环境下催芽，大部分种子露白后即可播种。

(2)基质选配：购买草炭(泥炭)、蛭石、珍珠岩成分的商品育苗基质，或自配传统配方基质。传统配方基质应就地取材，可将草炭土(或园田土或山皮土)与充分腐熟的优质农家肥、沙子按照 6∶3.5∶0.5 的比例(体积比)混匀过筛。每立方米育苗基质中混入 99%恶霉灵可溶性粉剂 1.5～2 克进行消毒。然后装入营养钵(10 厘米×10 厘米)或穴盘(T50、T32)并整齐摆放在育苗床上。使用前基质要浇透水，保持潮而不散。

(3)播种：由于西葫芦种子较大，拱土能力强，播种覆土厚度要达到 1.5～2 厘米，避免"戴帽"出土；育苗盘(床)上覆盖地膜并加盖无纺布，保温保湿，待出苗 50%～60%时即可去掉覆盖物；当瓜苗长到

4叶1心，株高10～14厘米，茎粗达到0.4～0.6厘米，叶色深绿，有光泽，苗龄25～30天，达到壮苗标准，即可准备定植移栽。

(4)苗期管理：西葫芦幼茎易伸长徒长，严格控制温湿度是培育壮苗的重要环节。出苗期(苗出齐之前)应保持日温25～30℃，夜温18～20℃，相对湿度80%。子叶期(第1真叶顶心)保持日温25℃左右，夜温降至13～14℃，相对湿度60%，此时应增加光照，严禁浇大水，防止徒长，子叶期视芽率移苗补苗。小苗期(第3真叶展开)保持日温18～24℃，夜温10～12℃，此时应加强通风，增加光照，严格控水，促进壮苗和雌花分化。成苗期(定植前)日温16～18℃，夜温8～10℃，适度浇水，延长通风时间，避免形成老化苗，定植前3～5天逐步调整苗棚温度至室外温度。

4.整地施肥

种植西葫芦应选择地势平坦、土层深厚、保水保肥能力强、疏松肥沃的地块，壤土最佳，沙土或黏壤土均可，土壤pH为5.5～6.8，忌重茬、连作。

在前茬收获后进行深翻30厘米以上，确保土壤疏松，蓄水保墒。移栽定植前半个月整地施肥，全程机械化整地，随整地每亩施入优质农家肥3 000～5 000千克，配合添加硫基复合肥40～60千克，起15～20厘米小高垄，同时铺设滴灌，覆盖黑色低密度聚乙烯树脂除草地膜0.008±0.002毫米。

5.定植及定植后管理

(1)定植方法：坝上及周边地区露地栽培西葫芦宜采用等行距种植，行距80厘米，株距50厘米。或采用大小行种植，大行100厘米，小行80厘米，株距50厘米。亩定植密度1 500～1 800株。定植前注意天气变化，选择冷尾暖头、晴天上午，封堰并扶正瓜秧后，随即滴灌给水。

(2)按需浇水:定植后浇缓苗水,之后适度蹲苗促进扎根,根瓜膨大之前不旱不浇水,根瓜开始膨大时浇催瓜水,根瓜采收后视天气情况每隔 5～7 天浇一次水。

(3)科学追肥:在足施底肥的前提下要科学追肥,追肥可选择优质水溶肥(如多维禾谷、艾可收)随滴灌冲施,追肥遵循前轻、中重、后补的原则,追肥频率视植株长势而定。一般随缓苗水冲施 4～5 千克平衡肥(20—20—20＋TE)促根壮秧;第二、第三瓜采收前随水冲施 5～8 千克高氮钾肥(20—10—30＋TE)促进膨果结瓜,减少畸形,之后根据植株长势每采收 2～3 次追施一次高氮钾肥,采收后期商品价格不再突出时应逐渐减少追肥量直至拉秧。

(4)适时授粉:西葫芦为虫媒花、异花授粉植物,露地栽培可依靠昆虫活动实现授粉,如雄花数量不足,生产上为了保证商品性,稳定产量,常用 20～25 毫克/升浓度的防落素(对氯苯氧乙酸)或 5～15 微克/克浓度的吡效隆(KT-30)进行人工辅助授粉。

(5)关键技术:定植前后如植株发生徒长,可喷 50%矮壮素 600 倍液及时处理;生长盛期要及时采收,并按 2～3 片叶留一个瓜的比例及时疏果,避免坠秧;去除老叶每次不超过 4 片,避免影响后续产量;人工辅助授粉要在上午 10:00 之前雌花授粉能力最强时进行,避免授粉不良;晴天上午浇水,酌情随水追肥,避免产生畸形瓜。

6.病虫害防控措施

充分利用冬夏季节的冷热环境杀灭虫卵和土壤残留病原体,实施轮作倒茬,创造良好的菜田大环境,生长旺季及时做好整枝打杈,加强植株间的空气流通,避免形成易于病虫害滋生的小环境,并根据病虫害流行预报,做好“群体保健”。

主要虫害防治:田间每亩悬挂黄板 40～60 张,防治白粉虱、蚜虫、蓟马、斑潜蝇、跳甲等；害虫低龄期每亩喷施1.3%苦参碱水剂40～70毫升或100亿活芽孢/毫升苏云金杆菌悬浮剂150～200毫升预防白粉虱、菜青虫、小菜蛾等，喷施6%鱼藤酮微乳剂800～1 000倍液防治跳甲、蓟马、蚜虫等。

主要病害防治：在定植后每亩随水浇灌50%克菌丹可湿性粉剂1 000克＋枯草芽孢杆菌(1 000亿个活芽孢/克)100克预防土传病害；高温天气雨后避免突发病害，可每亩喷施23.4%双炔酰菌胺悬浮剂(瑞凡)30～40毫升或687.5克/升氟菌·霜霉威悬浮剂(银法利)60～70毫升预防霜霉病，喷10%苯醚甲环唑水分散剂(世高)30～40毫升或29%吡萘·嘧菌酯悬浮剂(绿妃)30～50毫升预防白粉病。

7.及时采收

晴天上午及时采收，要多采嫩瓜，鲜食西葫芦采收标准以重量300～400克的小型瓜为宜，熟食采收标准以重量500～600克的中型瓜为宜。

8.分等定级

西葫芦分等定级的基本要求是在品种相同或类似的前提下，清洁无杂质，外观形状完好，色泽正常，肉质鲜嫩，瓜柄部削平，无腐败，无严重损伤。详见表4-4。

表4-4 西葫芦分等定级标准

等级	要求	允许误差(按数量计)	包装
特级西葫芦	果实大小整齐，均匀，外观一致；瓜肉鲜嫩，种子未完全形成，瓜肉中未出现木质脉径；修整良好；光泽度强；无机械损伤、病虫损伤及畸形瓜	允许5%的产品不符合该等级的要求，但应符合一级的要求	套发泡网袋，使用纸箱包装

续表4-4

等级	要求	允许误差(按数量计)	包装
一级西葫芦	果实大小基本整齐,均匀,外观基本一致;瓜肉鲜嫩,种子未完全形成,瓜肉中未出现木质脉径;修整较好;有光泽;无机械损伤、病虫损伤及畸形瓜	允许10%的产品不符合该等级的要求,但应符合二级的要求	套发泡网袋,纸箱或塑料筐包装
二级西葫芦	果实大小基本整齐,均匀,外观相似;瓜肉鲜嫩,种子完全形成,瓜肉中出现少量木质脉径;修整一般;光泽度较弱;有少量机械损伤、病虫损伤及畸形瓜	允许10%的产品不符合该等级的要求,但应符合基本要求	塑料袋或塑料筐包装

二、设施蔬菜与栽培技术体系

设施蔬菜生产,是指在不适宜蔬菜生长发育的寒冷或炎热季节,利用防寒增温保温或遮光降温及防虫驱虫设备,人为地创造有利于蔬菜生长发育的小气候及环境条件,从而获得大量而稳定的优质产品的一种保护性生产方法。在古代承德就有在冬季利用暖窖种植蔬菜的记载,这是人们认识自然、利用自然、与自然竞争的伟大创举,通过开发各种样式的种植设施和保护措施来实现春提前、秋延后和在炎热的夏季、寒冷的冬季进行蔬菜栽培,逐渐实现了蔬菜的周年采收。现在承德设施蔬菜主要有温室蔬菜和塑料大棚蔬菜两种类型。和露地栽培相比较,设施栽培具有下列特点。一是具有足以改善自然气候条件、使之有利于蔬菜生产发育的保护性设施,如温室、塑料拱棚、遮阳网、防虫网、温室加热设备等。二是有特定的环境条件。在设施栽培中,除了具有优越得多的环境条件外,还有一些因素是在露地条件下不会出现或很少出现的,如光照度低、温差大、湿度大、气流缓慢、土壤盐分含量高等。因此,设施蔬菜与露地蔬菜相比较,其对栽培技艺要求更高。目前,承德越夏冷棚蔬菜主要生产7月、8月、

9月越夏茄果蔬菜，温室越冬蔬菜主攻春节、元旦市场，与露地生产的时差蔬根菜、叶菜遥相呼应，互为补充。

(一)设施黄瓜越冬栽培技术

黄瓜是承德重要的设施蔬菜种植品种之一。据说，清朝时黄姓祖先曾在隆化县茅荆坝小庙村借助地热，建立壕子桐油纸温室在冬季生产黄瓜。承德山地日光温室黄瓜冬春一大茬生产栽培，产品重点供应元旦、春节期间的淡季精细菜市场，效益较高，并根据市场需求和植株长势，采收期可延续到翌年6月。

1.准备播种

(1)接穗选择：日光温室冬、春茬黄瓜栽培，由于生育期需要经历冬季12月到翌年2月较长时期的低温弱光环境，所以选择的黄瓜品种必须具备耐低温弱光能力较强，生长势强，节成性好，瓜条大小适中，产量高，抗病性强等优点。

(2)砧木选择：砧木品种选择嫁接亲和力、抗病及耐低温等能力强，能保持黄瓜品种原有风味的砧木品种，主要品种有云南黑籽南瓜和南砧一号、火凤凰、常青藤等白籽南瓜。白籽南瓜的优点主要是抗根腐病、蔓枯病，瓜条鲜绿、有光泽、商品性好。缺点是耐低温能力比黑籽南瓜差，12月下旬至翌年2月上旬，长势比黑籽南瓜长势弱。因此，选用白籽南瓜做砧木时，和秸秆生物反应堆技术配套使用效果较好。

(3)育苗床土准备：育苗床土要求养分充足，土质疏松，透气性和保水性好，不含病菌、害虫及杂草种子。主要成分是原土5份(含腐殖质丰富的山土或大田土)，有机肥5份(有机肥的主要原料是稻草、麦秸、稻壳、锯末等与鸡、猪、牛等畜禽粪经过1年左右的高温堆沤并倒翻2～3次，使其充分腐熟发酵)，充分混匀。每立方米床土掺入氮磷钾含量为 15—15—15 的复合肥 1.5 千克。在播种前 2 周使用 30% 恶霉灵可溶性粉剂 600～800 倍液混拌均匀消毒。每亩需备床土 2～3 立方米(包括分苗用营养土)。

(4)浸种催芽:①黄瓜浸种催芽,每亩定植田需种子 100～125 克。用 55 ℃的水温汤浸种,并迅速用木棍搅拌,当水温降至 30 ℃左右时,继续浸泡 4～6 小时,捞出经 2～3 次清洗后用纱布包起放置于 28～30 ℃条件下催芽,每隔 7～8 小时用清水冲洗一次,洗去黏液,确保种皮透气、易发芽。经 36 小时左右,胚芽长至 0.15～0.2 厘米时,即可播种。

②南瓜浸种催芽,南瓜种子浸种催芽前先测定发芽率,因南瓜种子休眠期较长,当年种子发芽率只有 40%左右,贮藏一年后的种子发芽率在 90%左右,根据所测种子发芽率的高低决定浸种、播种数量。选用芽率在 90%左右的南瓜种子,每亩需播种量 1.5 千克。浸种、催芽方法基本与黄瓜相同,浸泡时间比黄瓜略长,为 6～8 小时,催芽时间需 48～72 小时,胚芽长至 0.1～0.2 厘米时,即可播种。

2. 播种与播后管理

(1)播种:冬茬黄瓜播种时间比较严格,播种过早,株龄偏大,抗寒力下降,不利于安全越冬,播种过晚,春节期间形不成批量商品,产量高峰期后移,影响经济效益。根据承德地区多年实践,适宜播期为 9 月中旬至 10 月中旬。

播种最好用育苗盘,可有效调节幼苗的生长速度及质量,管理方便。也可在地面直接做畦播种。具体做法是,将提前备好的育苗床土铺盘内或畦面 10 厘米,浇足底水,黄瓜按 4 厘米×4 厘米,南瓜按 6 厘米×8 厘米距离点播。播后黄瓜覆土 1 厘米,南瓜覆土 1.5～2 厘米,黄瓜与南瓜播期间隔 3 天,黄瓜先播,南瓜后播。

(2)播种后的管理:覆土后,在播种床上覆盖一层报纸,扣上小拱棚保温保湿。白天保持 25～30 ℃,夜间 15～20 ℃。黄瓜两天可出土，南瓜需 3 天出土。约有 70%苗出土时揭去报纸，适当降温，白天 24～28℃，夜间 12～16℃。子叶展平后，用 72.2%普力克水剂 1 000 倍液浇灌一次，防苗期猝倒病。

3. 嫁接与嫁接后管理

(1)嫁接前准备工作：备足 10 厘米×10 厘米营养钵 4 000 只/亩，于嫁接前 1～2 天装好营养土，整齐摆放在温室中部，宽 1.2 米，东西长度视育苗数量而定，浇足水；嫁接夹 4 000 只/亩，用 70%安泰生 200 倍液浸泡消毒 40 分钟，捞出晾干待用；刀片适量；育苗床提前一天浇足水，保证起苗时土质疏松少伤根；搭好嫁接操作台。

(2)嫁接时秧苗标准：黄瓜子叶展平，真叶显露，茎粗 0.3～0.4 厘米，呈四棱形，株高 7～8 厘米，播种后 13～15 天。南瓜子叶展平，第一真叶半展开时，茎粗 0.4～0.6 厘米，株高 8～9 厘米，播种后 10～11 天。

(3)嫁接时机：嫁接前必须了解天气情况及变化规律，嫁接后有 2～3 个晴天，成活率在 90%以上，否则嫁接后连阴 2～3 天，成活率会下降 50%以上。因此，嫁接时应选择坏天气刚刚结束，好天气刚好开始时进行。

(4)嫁接方法：采用靠接法。先将黄瓜和南瓜苗挖出，去掉南瓜的生长点，用刀片在幼苗上部距生长点下 0.8～1 厘米处和子叶平行方向自上而下斜切一刀，角度 35°～40°，深度为茎粗的 1/2，刀口长 0.6～0.8 厘米，轻放在工作台上。黄瓜苗距生长点 1.2～1.5 厘米处和子叶平行方向由下向上斜切一刀，角度 30°～35°，刀口长 0.6～0.8 厘米，深度为茎粗的 2/3，将黄瓜舌形切口插入南瓜的切口中，使两者的切口相互衔接吻合，接后黄瓜和南瓜子叶平行，黄瓜在上南瓜在下，用夹子固定后，栽入营养钵内，浇足水分，扣上拱棚。

(5)嫁接后的管理：

①注意保温保湿，适时遮阴。嫁接后1～3天，白天保持25～28℃，夜间17～19℃，湿度95%～98%，出现萎蔫时适量遮阴，在保证不萎蔫的前提下尽量多见光。嫁接后4～6天白天温度降至22～26℃，夜间16～17℃，湿度85%～90%，一般在13点前后给予遮阴1～2小时，其他时间可充分见光。7天后进入正常管理，白天22～28℃，夜间12～14℃，逐步撤掉小拱棚，用70%安泰生600倍液喷洒一次，以防苗期病害发生。结合喷药，加入少量叶面肥，确保嫁接苗健壮。

②注意断根处理。断根时间在嫁接后12～13天，在接口下一厘米处用扁口钳蘸50倍70%安泰生溶液在断根部位捏一下，挤出汁来，第二天再彻底断掉。

③注意及时倒方，除掉南瓜侧芽。断根时黄瓜苗已长出两叶一心至三叶一心，原有空间已不能满足生长发育所需。为改善光照条件，增加营养面积，按20厘米×20厘米间距均匀摆开，结合倒方，及时去掉南瓜的侧芽。

4.定植前准备

(1)整地施基肥：清除前茬作物的枯枝落叶及病残体。基肥以有机肥为主、化肥为辅，每亩施有机质含量在30%以上优质有机肥8 000～10 000千克，新建或通透性差的黏性土质，亩施13 000～15 000千克，经粉碎、腐烂发酵的秸秆(稻草、稻壳、玉米秸、麦秸等可就地取材)2 000～2 500千克，氮、磷、钾含量为15—15—15的复合肥80千克，钙、镁肥10～15千克，撒施后深翻2～3次，深度50～60厘米，做成高20厘米、宽80厘米、沟宽50厘米马鞍式高畦。有条件的可应用秸秆生物反应堆技术。该项技术最适合用于冬茬日光温室栽培，能提高地温3℃左右，减少霜霉病、灰霉病、角斑病、根结线虫等病害的发病率50%左右，增产30%以上。

(2)定植时间、密度及方法：10月中旬至11月中旬定植。苗龄30～35天，定植密度依不同品种要求而定，但差异不大，一般每亩栽苗2 600～3 000株，行距55～60厘米，株距35～38厘米。定植方法采用挖穴、浇水、栽苗，即“水稳苗”，宜先定植，后覆地膜。

5. 定植后田间管理

(1)温度管理：栽苗后1～3天促快速生根缓苗，白天28～32 ℃，夜间15～18 ℃。缓苗后至根瓜采收，适当加大通风，白天25～30 ℃，夜间12～16 ℃，以维持正常的养分输送和呼吸消耗，管理核心是促根控秧。从根瓜采收至春节期间，白天25～30 ℃，夜间10～16 ℃，此时期放风不宜过大，白天维持较高的气温(25～30 ℃)不仅有利于叶片同化量的合成，同时会直接影响到地温的高低，适宜的地温为白天20～24 ℃，夜间16～18 ℃，放风以排湿防病为中心。为了维持足够的夜温和地温，下午放帘时间不宜过晚，以放完草帘后太阳刚好落棚为佳。2月下旬后随着外界气温的升高和光照的增强，生长速度明显加快，白天适宜温度保持25～35 ℃，夜间14～18 ℃，以维持较长时间的产量高峰。

(2)水分管理：日光温室冬春茬黄瓜浇水的关键是前三水，定植水要浇透，缓苗水不能漏，不能因为定植水浇得多就不再浇缓苗水，定植后15～20天浇缓苗水。根瓜采收后浇第三水，水量宜小不宜大。每次浇水时间选择“冷尾暖头”的晴天上午，忌阴天、寒流来袭时浇水。浇水后及时放风排湿，空气湿度保持白天70%、夜间85%，以早晨揭帘后叶片不结露为宜。浇水方法宜在北墙根通道用软管引入膜下暗灌，忌明沟明灌。有条件的地方最好采用滴灌，既能节水、省肥，又能有效控制病害发生，减少打药次数，提高商品质量，降低生产成本。进入2月上旬以后，天气转暖，光照增强，蒸发量明显加大，浇水间隔时间逐渐缩短，根据不同地势、地下水位高低而定，一般间隔5～7天浇一次水。

（3）追肥：进入结瓜初期，结合浇水间隔两水追一次肥，结瓜盛期隔一水追一次肥。追肥品种选用液态肥、膏肥、黄瓜专用冲施肥。每次追肥量为纯氮3千克，纯磷2千克，纯钾4千克（根据选用的不同追肥品种折算，以尿素为例，一袋50千克尿素含纯氮23千克，3千克纯氮折成尿素为6.5千克），追肥应遵循“少吃多餐”的原则，忌一次性追肥量过大。

（4）植株调整：定植后10天左右开始甩蔓时及时吊绳绕蔓，根瓜及时采收忌坠秧；随时去卷须、雄花及7片叶以下的侧枝，确保主蔓正常生长。中后期及时摘除下部老叶。秧蔓长至吊线顶端时，选择晴天下午落蔓，确保吊线、秧蔓同时下移，弯曲自然，有利于缓秧。

（5）特殊天气的管理：

①在遇寒流、阴雪、连阴天等特殊恶劣天气情况下，要实施特殊的管理措施，以减少或避免灾害性天气给生产造成损失。

②在强寒流到来时，严密防寒保温，增加纸被、草帘覆盖，地窗部位增加围帘，草帘外层用铁线地锚固定，防止大风吹走移位。

③连阴天时，在不明显影响室内温度的前提下，中午前后揭开草帘争取照射散射光2小时以上。天气骤晴后叶面追肥，补充养分，增加棚内湿度，叶片出现严重萎蔫时进行适当回苫。

④雪天要及时清扫积雪，防止棚面负荷过重导致温室骨架倒塌。

6. 病虫害防治

（1）播种前：扣膜时在通风口处设置宽40厘米防虫网，以阻挡昆虫从风口处进入室内。育苗前进行棚室消毒，用硫黄粉2.5千克，加80%敌敌畏乳油0.5千克，拌锯末3.5千克，分8～10堆点燃，密封24小时，经放风无味后方可播种。

(2)播种至定植:播种后子叶展平至嫁接前 1～3 天用 72%普力克 800 倍液(1 毫升原药兑 800 毫升水＝800 倍液)喷施一次,预防猝倒病。嫁接后第 7 天用 75%达克宁 500 倍液喷施一次,定植前 1～2 天再喷一次,预防霜霉病、炭疽病。

(3)定植后至根瓜采收:定植后 3～5 天,用 20 厘米×30 厘米诱杀黄板悬挂畦间,每亩挂 20～25 块,利用害虫对黄色的趋性,诱杀蚜虫、白粉虱、烟粉虱、斑潜蝇等成虫。此期间易发生的病害主要有霜霉病、细菌性角斑病、白粉病、黑星病和灰霉病,发病因素主要是低温、高湿,通风不良。在管理上采取降湿、增温等方式,主要措施有:每天放帘后,要进入棚室内认真检查,有透光的部位,及时采取措施,防止夜间热量散失;每天早晨揭帘后,及时清扫棚膜上的碎草及尘土,以最大限度地提高棚膜的透光率;摘除下部老化的叶片,在不影响室内温度的情况下,中午 12:00 前后通风 1 小时;未发病前用阿米西达 1 500 倍液喷雾,10～15 天 1 次,连喷 2 次,然后用安泰生 600 倍液喷雾 1 次。

(4)从根瓜采收至春节前后:此时期正值温度最低、光照最弱的季节,易发生的病害有霜霉病、细菌性角斑病、灰霉病、菌核病,有利于病害发生的条件是低温、高湿、光照不足。管理上仍以提温、降湿,争取光照时间为主。在用药的选择上,少用可湿性粉剂,以减少棚内湿度。用扑海因、百菌清烟剂熏烟,每次 100～150 克。下午放帘后在畦间分散点燃,密闭一昼夜,7～10 天 1 次。连熏 2～3 次后,用银法利 600 倍液喷雾,15～20 天 1 次,连喷 2 次。

(5)中后期(春节前后至拉秧):进入 2 月中旬以后,发病特点是多种病害混合发生。依据哪种病害发生为主,对症用药。以霜霉病发生为主时,用银法利 800 倍液喷雾,10～15 天 1 次,若病害发生、发展较快时 7～10 天 1 次，连喷 2～3 次，重点喷施叶片背面（因病原菌从叶片背面侵染）；以细菌性角斑病发生为主时用 78%万家 600 倍液喷雾，7～10 天 1 次，连喷 2 次；有灰霉病发生时，用扑海因 800 倍液，或施佳乐 800 倍液喷 1～2 次，同时用丰产剂一号兑水 1 千克加施佳乐 1 毫升在花开放前一天蘸花（病菌首先从花器开始侵染，俗称黄瓜烂头）；有蔓枯病发生时用好力克 3 000 倍液喷雾，重点喷施植株的中下部茎叶；有炭疽病发生时用施保功 1 000 倍液喷雾，10～12 天 1 次，连喷 2 次。以上几种药剂高效低毒，但要注意品种间轮换，避免某一种药连续使用 3 次以上。配药时，特别是可湿性粉剂，先用少量水（1 千克左右）稀释、搅拌，当完全溶解后再加水配成需要的浓度，以提高喷药质量，避免产生药害。随着气温的不断升高，此期间蚜虫、白粉虱的虫口密度也会增加，可在畦间增加黄板悬挂数量，每亩增加 5～7 块。用爱美乐 600 倍液或盖虱 1 000 倍液 15 天喷施 1 次。有斑潜蝇发生时用 5%阿维菌素 3 000 倍液，或用金甲维盐 1 500 倍液喷雾，10～15 天 1 次。

7. 生理性病害防治

(1)在有效控制病虫害发生的前提下，冬、春季出现花打顶时，及时采收、疏瓜，叶面用金哥 1 500 倍加瑞倍乐 3 000 倍液喷施，5～7 天 1 次，连喷 3～4 次。

(2)进入 3 月后，棚内易出现高温缺硼，导致出现尖嘴瓜，追肥时配合追施优力硼锌，每亩每次 200 克，叶面喷施汽巴瑞培硼 1 500 倍液，7～10 天 1 次，连喷 2 次。

(3)低温、氮钾肥使用过量引起的缺钙症，叶片边缘干黄（镶金边），心叶呈勺状时，除随水冲施含钙的肥料外，叶面喷施瑞培钙 1 500 倍液，6～8 天 1 次，连续 2～3 次。

8. 及时采收

对已成熟的商品瓜及时采收,防止延时采收而坠秧,造成商品质量下降。

9. 注意问题

(1)有机肥未充分腐熟发酵,施用后 30～50 天,在棚室高温环境下有机肥开始发酵、分解,造成烧根、死秧。有的根系直接扎在未腐熟的粪块上,此时黄瓜已进入采收期,造成的损失已无法弥补。施用生粪的原因主要有以下 3 个。

一是主观上存在误区,认为有机肥完全发酵后就没劲了(养分就失效了),所以主观上故意用生粪。

二是事前未做充分准备,临近生产才开始购买粪肥,此时已进入秋季,外界气温逐日降低,在短时间内很难完全发酵。

三是粪肥准备得虽然很早(春季 4—5 月),但运回后堆在那里就不再管了,一个夏季不倒不翻,里面没有氧气,堆放的时间虽然长,但仍不会发酵,施肥时粪肥虽然是块状结构,但不是松散的颗粒结构。

正确的做法应该是:在高温季节到来之前(6 月之前),即在使用前 5 个月备足(10 立方米左右)有机肥,然后进行分层堆沤,即一层粪肥(厚度 15～20 厘米)撒一层土(厚度 5～10 厘米),掺入粉碎的秸秆或玉米秸秆(长度 10～15 厘米)、稻壳、锯末等有机物,可就地取材(秸秆的厚度 20～25 厘米),一层粪一层土一层秸秆,这样重复分层堆制,每隔 1～2 个月倒翻一次,至定植前施用时共倒翻 2～3 次。这样,粪肥与秸秆完全腐熟,施用后不仅为黄瓜的正常生长提供养分,还可以改良土壤,使黏质土的容重变轻,通透性得以改善,对沙质土壤可起到保水的效果。

(2)大剂量及多种农药混用导致发生药害,造成不必要的损失。

在防病治病的环节上，一些农户存在严重误区：用药量过大，超出使用说明规定的剂量；施药次数过多，间隔期过短；多种（3 种以上）农药同时混合使用。其结果是产生严重的药害，抑制了黄瓜的正常生长，出现化瓜及花打顶现象。

科学正确的方法：未发病前用药时，选用保护性杀菌剂而不用治疗性杀菌剂（见农药说明书），浓度按药袋说明范围内的最低使用浓度（如说明中规定 500～800 倍时，那么就用 800 倍，而不用 500 倍）。当发现病株后，再用 500 倍液。发病前用药间隔期可长，发病后用药间隔期可短，如规定用药间隔 10～15 天时，发病前间隔 15 天 1 次，发病后间隔 10 天 1 次。当田间有两种以上病害发生时，针对病害对症用药，可用两种不同药剂进行复配，起到一次施药而兼治多种病害的效果。当田间只有一种病害发生时，若选用多种农药进行混配，农药名称虽然各异，但有效成分往往相同，造成一次性用药总量过大，是产生田间药害的根本原因，因此禁止一种病害发生而使用多种农药混配。

（二）设施番茄越夏栽培技术

越夏番茄生产是利用塑料大棚、日光温室等设施，在较冷的早春播种或定植，生长时间主要在整个高温多雨的夏季，并可在秋后适当延长蔬菜的生长期，提高蔬菜产量和质量，对蔬菜淡季供应起到补充和调剂作用。从 2002 年开始，承德市的承德、平泉等区县，利用日光温室和塑料大棚等保护设施，并利用承德这一气候区特有的光照多、夏季凉爽、昼夜温差较大、适于番茄生产的气候特点，在承德区域实施了硬果番茄的试种、推广、生产与销售。

1. 育苗前准备

（1）品种选择：越夏大棚生产选用耐热、抗病（重点病毒病）、优质、高产、具无限生长习性的番茄品种。

(2)育苗时间及设施:根据育苗定植季节不同可选用不同的育苗时间及设施。在3月中旬至4月上旬育苗的,可在日光温室和塑料大棚内阳畦育苗。4月中旬至5月上旬育苗的,用塑料大棚或塑料小拱棚育苗。育苗场所选在通风良好、易排易灌、前茬不是茄果类作物的地块。

(3)营养土配制:选择3年内未种过茄果类蔬菜的园土,与充分腐熟的有机肥过筛后,按2∶1比例混匀,每立方米加碾碎的氮、磷、钾含量为15—15—15的三元复合肥1千克。用塑料薄膜盖好,高温堆闷3~5天后备用。用70%安泰生可湿性粉剂与50%福美双可湿性粉剂按原1∶1混合,按每平方米用药12克,与5千克过筛营养土混合,播种前1/3铺在床(钵)表面,2/3覆盖在种子上,使番茄种子夹在两层药土中间,防止病菌侵入。注意覆土时保证种子上面覆土厚度为1厘米左右。如果覆土过薄,会造成戴帽苗出现,使子叶伸展不开,影响长势;如果覆土过厚,番茄出土困难,苗弱,抗病性差。

(4)种子处理:番茄种子表面甚至内部常常带有病毒病、细菌性溃疡病、枯萎病和早晚疫病等多种病原菌,如果播种了带有病菌的种子,很有可能导致幼苗或成株发病。所以播种前的种子消毒是十分必要的。种子消毒的具体操作步骤如下。

首先采用药剂浸种,把种子放入清水中浸泡2~3小时,再把种子放入800倍高锰酸钾溶液中,浸泡20~25分钟,用清水冲洗干净;然后再用益微菌剂进行拌种,每200克种子用益微菌剂20克左右,将菌剂撒入种子中翻动数次,稍晾即可播种。此方法属于生物防治技术,以菌治菌,可防治苗期立枯、猝倒以及定植后的枯萎、根腐等多种病原杂菌。

2. 育苗方法

对育苗器具(营养钵等)用300倍福尔马林溶液或0.1%高锰酸

钾溶液浸泡或喷淋消毒。

（1）平畦育苗：将配制好的营养土铺入苗床，厚10厘米，浇足底水，待渗后撒一薄层营养药土，割成10厘米×10厘米小方块，每块中间点播一粒种子，播后撒一层药土，并用营养土覆盖种子0.6～0.8厘米厚，再覆盖一层报纸，用喷壶将报纸喷湿，每隔50～60厘米插上高50厘米以上拱架，先在拱架上覆盖一层40目以上的防虫网，再覆盖一层薄膜，薄膜两侧固定于埂上，中间用防风绳固定好。

（2）营养钵育苗：将营养土装入10厘米×10厘米营养钵内（装满按实），并摆放在育苗床内，播种方法同平畦育苗。

3. 播后管理

（1）温度管理：播种至齐苗，白天温度控制在25～30 ℃，夜间12～18 ℃；齐苗至分苗，白天保持在20～25 ℃，夜间14～16 ℃；分苗至定植，白天保持在20～25 ℃，夜间10～15 ℃。注意出现高温时必须及时通风，遮阴。播后3～4天苗刚出齐后，在早、晚时间及时撤掉报纸。

（2）水分管理：育苗时浇足底水后，播后20天左右一般不再浇水。当秧苗心叶叶色变为暗绿时，可喷水1～2次，并应在8点之前进行。

（3）秧苗调节：根据秧苗长势，当稍有徒长时，每间隔5～7天喷助壮素1～2次。为防止种子带帽出土，幼苗顶土时可撒些细土，兼顾弥补裂缝，利于生根，减少水分蒸发。

（4）注意看护，以防牲畜、老鼠破坏及大风揭膜。

4. 苗期病虫害预防

（1）防治猝倒病：低温高湿易发生苗期猝倒病，播种前（底水渗后撒药土前）在床面喷施800倍的72%普力克液，播种覆土后再重喷1次。

(2)防治立枯病:分苗后,为了防止立枯病发生,喷淋30%瑞苗清2 000倍液。

(3)防治病毒病:在番茄长出3～4个真叶时,喷施一次菌克毒克600倍液+瑞培锌3 000倍液。

(4)防治茎基腐病(即定植后死苗现象):在定植前2天,喷淋瑞苗清3 000倍液+益微菌剂1 500倍液。

(5)防治蚜虫和潜叶蝇:苗期喷施70%艾美乐3 000倍液和1.8%爱福丁乳油1 200～2 000倍液。

5.苗龄及壮苗标准

一般苗龄在30～35天,苗高15～18厘米,茎粗0.6厘米以上,4～5片叶,叶色浓绿,次生根系发达,无病虫。

6.育苗注意事项

为确保育苗成功,注意不用没发酵好的粪;不用种过茄果类蔬菜的土;不用上年使过除草剂的玉米地土,底水必须灌足;种子处理时不能烧籽、烫籽;配制使用药土;播后管好温度,温度控制在15～30 ℃;上防虫网;出苗后及时喷药和往基部培土;防治蝼蛄和老鼠。

7.定植前准备

(1)保护设施安装:在定植前一周无风的早晨扣好棚膜,通风口可设在顶部和棚下两侧,也可设在棚下两侧和棚顶两侧距地面高2米处。同时,通风口处上好32～40目尼龙防虫网(网宽1～1.5米),并及时上紧压膜线。

(2)大棚消毒:上茬种过蔬菜的大棚应进行消毒处理。可采用高温闷棚、药物熏棚等技术,新建大棚也要进行普遍消毒,可用30%恶霉灵可湿性粉剂1 000倍液在扣棚时对地面进行喷洒消毒。

(3)整地施底肥:由于番茄对地力要求较高,较为喜肥,所以底肥品种要全,避免单一加大化肥用量的做法。最佳的肥料种类应包括优质有机肥、常用复合肥、生物菌肥、微量元素肥等;根据河北省的土壤状况,以每棚六分地计算,番茄底肥每棚的用量为优质有机肥(以优质腐熟鸡粪肥为例)500～600 千克,氮肥 5 千克(折合尿素 10.9 千克),磷肥 8 千克(折合过磷酸钙 67 千克),钾肥 7 千克(折合硫酸钾 14 千克),美国硼砂集团的优力硼锌肥 200 克,瑞士汽巴公司瑞绿 20～30 克,佳园益微 500 克(定植时挖坑拌细土使用)。此外对于种植年数较长的棚室,由于化肥的连年过量使用,土壤板结或盐渍化严重,可在整地时每亩拌土撒施 200 克的松土精,解决土壤板结和积盐问题。

(4)起垄做畦:按土地土质及水分状况,可选以下 3 种起垄或做畦方法之一。

①做畦栽培。即做成畦子,畦内定植两行或一行,以后不再起垄。适合高燥易渗漏地。

②起垄栽培。定植前做成高 20 厘米的垄台,垄上定植两行或一行。适合低洼涝地。

③定植后在大行中间挖一宽 25 厘米、深 10～15 厘米的小沟,沟土培于沟两侧成垄台。适合一般土地。

8.定植

(1)定植日期:塑料大棚定植日期为 4 月 15—25 日。日光温室定植日期为 5 月 25 日至 6 月 5 日。定植较早的,在 10 厘米地温稳定在 10 ℃以上时定植。

(2)定植密度及规格:采用单干整枝的,定植 1 500～1 800 株。土壤肥力高的可采用双干整枝,定植 900～1 100 株。株行距为大小行栽植,大行 90 厘米,小行 70 厘米,株距按定植密度确定。等行距栽植,行距 80～90 厘米,株距按定植密度确定。

(3)定植方法:开沟定植,开深15厘米的沟,灌满水后,将带坨秧苗定植于沟间,秧坨顶面与田面平。再浇一次水,渗后覆土,土高不超过子叶。

挖穴定植,先行覆盖地膜的,挖穴坐水栽苗。栽植时做到:沟中施生物菌肥;封土前每亩用福美双1千克加甲霜恶霉灵0.3千克制成200倍杀菌土撒于植株周围;重茬地块用NEB液进行土壤处理。

9.田间管理

(1)水分管理:定植后土壤湿度维持在田间最大持水量的70%~80%。在定植后的高温季节,一般土质条件下,每隔4~7天浇一次水。初春和秋季每隔7~10天浇一次水。低洼湿地适当延长浇水间隔期。浇水一般在清早进行,起垄栽培的在傍晚进行。

(2)温度管理:棚室内昼温维持在25~30 ℃,夜温14~16 ℃,当外界最低气温稳定在12 ℃以上时,可昼夜通风。防止出现超过35 ℃的高温。

(3)光照管理:在确保温度不过高的前提下,尽量增加光照强度。采用遮阳网遮阳时,在晴天棚室内植株顶部高度的温度升至30 ℃时,将遮阳网设在太阳光直射的位置上,降温后及时收起。

(4)施肥管理:当第一穗果坐住并开始膨大时,结合浇水施肥,以后每穗果追肥一次或每隔10天追一次肥,每次追肥8~10千克/亩。坐果期到果实膨大期追施复合肥30~50千克,果实转色期到成熟期可追施钾宝5~10千克/亩,追肥可穴施,也可随浇水冲施,同时注意施入适量钙、镁、硼、锌、钼等营养元素,可采取叶面喷施等方式施入。

10.植株调整

(1)可根据种植天数的长短和棚室的高低,选用以下整枝方法:

四穗—六穗整枝法。保留主干,把侧枝都陆续摘除,在最上花序之上留 2 片叶，并保留 1～2 个侧枝。此整枝方法适合栽植较晚或进行短期栽培，留果穗较少（四穗—六穗）时应用。

三穗多次换头整枝法。留单干，当主干第三穗花出现时，其上留 2 片叶摘心。在第三穗果下留一个壮侧枝，经生杈留一片叶摘心后，待第一穗果坐住果后，再放长为主枝，去掉其他侧枝。以后新主枝长出第三穗花时，其上再留 2 片叶摘心，坐果后再培养一个侧枝当主枝，继续生长，重复进行。

五穗＋三穗多次换头整枝法。留单干，第五穗花出现后，其上留 2 片叶摘心。在主干中上部经多次生杈留一片叶摘心，当第四穗果采收时，再培养一个新枝，并将新枝放长结果，留 2～3 穗果后摘心。以后可多次重新留枝，新枝均留 2～3 穗果。

二穗多次换头整枝法。当主干第二穗花开后，在第二穗花上留 2 片叶摘心，成为第一结果枝。保留第一穗花下长出的第一侧枝，在第一侧枝上留 2 穗花后，在其上留 2 片叶摘心，成为第二结果枝。在第二结果枝的第一穗花下长出的侧枝为第三结果枝，以此类推，留 4～5 个结果枝。打掉其余侧枝。并在下午时对结果枝进行扭枝处理，使结果枝均匀分布于株行两侧。

五穗＋四穗多次换头整枝法。留双干，主干留三穗花，第一穗花下侧枝保留成辅干，辅干留两穗花后，对主、辅干均留 2 片叶摘心。在主干第三穗果下和辅干第二穗果下各留一新枝。对新枝进行多次生杈留一片叶摘心。待第一穗果采收后，将新枝培养成主干，各留两穗果，其上留 2 片叶摘心。可重复进行。

（2）打杈去老叶：当侧芽长到 7～10 厘米时去除，要掰杈不要掐杈。掰杈在晴天叶片无露水后进行。对长在最低位果穗以下的老叶、黄叶，及时分次摘除。

（3）吊蔓放蔓：在第一穗花开后，用吊绳吊蔓。对多次换头整枝的，在摘完一茬果(3～5 穗)后，进行落蔓。将蔓按垄下放接地后，再重新换绳吊蔓。落蔓应在午后进行。每穗花结果后，用绳将果穗吊在蔓上。

11. 保花疏果

(1)保花保果：当出现 15 ℃以下低温或 30 ℃以上高温时，应使用生长调节剂蘸花、抹花和喷花。用沈农 2 号、防落素等生长调节剂进行喷花或蘸花，并根据当时气温高低采用适宜的浓度。

(2)疏花疏果：开花时，每穗选留 6～7 朵壮花，其余疏掉。坐果后，如坐果偏多时，去掉第一个果和末尾小果及畸形果，选留 4～5 个好果。对光照强的位置和壮秧可多留果，反之少留果。

12. 病害防治

(1)番茄茎基腐病：近年来，番茄定植时的茎基腐病已经发展成了一种定植后危害最重的病害。

症状识别：发病部位为番茄茎基部接近地面处，刚开始出现褐色水渍状病斑，以后病斑逐渐扩大，绕茎一圈，导致番茄整株死亡。湿度大时可见病斑上有白色霉层。

防治方法：定植前药剂防治，做到无菌苗入地，可喷淋 72.2％普力克 600 倍液＋益微菌剂 1 000 倍液。定植时浇小水，避免大水漫灌。缓苗后喷施两次药剂预防，第一次采用 30％瑞苗清 1 500 倍液＋益微菌剂 1 000 倍液，隔 4～5 天后，用银法利 800～1 000 倍液再次喷淋一次，对番茄茎基腐病防效最佳。注意喷药时一定要采用喷淋的方法，使药液流到根茎部。

(2)番茄晚疫病：晚疫病是番茄最重的病害。为害番茄茎、叶和果实，发病时常减产 20％～30％，严重时可以毁棚。

症状识别：多从下部叶片叶尖或叶缘开始发病，病斑初为暗绿色水浸状，逐渐为暗褐色，病健交界处界限不明显，病斑上无轮纹，高湿时，叶背沿病斑外缘产生白色霉状物。茎部受害，病斑由水浸状变暗褐色，后呈黑褐色，稍凹陷。果实受害，发生暗绿色病斑，病斑稍凹陷，病部呈不规则云纹扩展状，病果质地较硬而不软腐。

防治方法详见表 4-5。

表 4-5　防治番茄晚疫病推荐的药剂

中文通用名	有效成分	商品名	施用方式	使用剂量	备注
70%丙森锌可湿性粉剂	丙森锌	安泰生	喷雾	500～600 倍	广谱保护剂，可预防多种病害
45%百菌清烟雾剂	百菌清		熏蒸	110～180 克/亩	阴天使用，可防病但不治病
66.85%银法利悬浮剂	霜霉威＋氟吡菌胺	银法利	喷雾	600 倍	目前防治卵菌纲最有效的药剂，持效期 20 天以上
66.8%保家可湿性粉剂	缬霉威＋丙森锌	保家	喷雾	600 倍	防治效果好，性价比最佳，持效期 12 天以上
69%烯酰吗啉·锰锌可湿性粉剂	烯酰吗啉·代森锰锌	安克锰锌	喷雾	800 倍	防治效果好，但易产生抗药性，注意轮换使用
58%甲霜灵·锰锌可湿性粉剂	甲霜灵·代森锰锌	雷多米尔锰锌	喷雾	800 倍	防治效果好，但易产生抗药性，注意轮换使用

(3)早疫病：各地温室、大棚栽培番茄全年均可发生，但以春播番茄为重。本病除直接为害茎叶果外，还可抑制番茄植株生长和果实形成。其主要侵害茎、叶、果实等器官，叶和茎叶分枝处最易受害。

症状识别：一般下部叶片首先发病，逐渐为害上部叶片，叶片症状初期为水渍状病斑，渐呈褐色或黑褐色圆形到椭圆形斑点，成熟病斑边缘黑褐色，中央灰褐色，具同心轮纹，病健交界处有黄色或黄绿色晕圈。严重时多个病斑可联合成不规则形大斑。茎、叶柄或果柄发病，病斑梭形或椭圆形，深褐色，稍凹陷，具同心纹和晕圈，病枝易由病处折断。青果受害，多由果蒂附近开始，病斑比叶茎病斑颜色深，凹陷，具同心轮纹，病果开裂，病部变硬，病果提早变红。空气相对湿度大时，病斑上可生成黑色霉层。

防治方法详见表4-6。

表4-6　防治番茄早疫病推荐的药剂

中文通用名	有效成分	商品名	施用方式	使用剂量	备注
70%丙森锌可湿性粉剂	丙森锌	安泰生	喷雾	500～600倍	广谱性保护剂，杀菌补锌效果显著
43%戊唑醇水剂	戊唑醇	好力克	喷雾	3 000倍	防效最佳，效果明显
25%丙环唑水剂	丙环唑	斑无敌	喷雾	5 000倍	防效佳，但应控制用量，易出药害
10%苯醚甲环唑水分散颗粒剂	苯醚甲环唑		喷雾	1 500倍	使用安全，不易出药害，防效一般
40%氟硅唑乳油	氟硅唑	福星	喷雾	5 000倍	抗药性强，不宜使用

(4)灰霉病：灰霉病是温室和塑料大棚番茄生产中普遍发生、为害严重，损失较大的一种病害。保护地反季节生产环境高湿低温，非常适宜灰霉病发生，常常引起严重危害，一般减产20%～30%，有时可达50%。除番茄外，还为害茄子、青椒、黄瓜、菜豆等蔬菜。

症状识别：灰霉病为害番茄地上部分，以果实发病最重。成株期叶片发病，由叶缘向内呈“V”字形扩展，病斑初呈水渍状，边缘不规则，后呈浅褐色到黄褐色。染病的花瓣、花蕊等落到叶面或枝杈上，可形成圆形或梭形病斑。病斑上有浅轮纹。病叶干枯后高湿度下可产生灰褐色霉层。果实发病多由花器侵入，番茄青果染病，近果蒂、果柄或果脐处首先显症，病变部果皮灰白色水渍状软腐，病斑很快发展成不规则形病斑，病斑上易产生致密灰褐色霉层。有时病菌可直接侵染刚形成的幼果，但以后不再扩展，果实可继续发育，成熟时果实上形成圆形、外缘淡绿色、中央银白色、直径 1 厘米左右斑点，严重时可致果实畸形，品质下降。

防治方法详见表 4-7。

表 4-7　防治番茄灰霉病推荐的药剂

中文通用名	有效成分	商品名	施用方式	使用剂量	备注
40%嘧霉胺悬浮剂	嘧霉胺	施佳乐	喷雾	1 000 倍	使用安全，防治效果佳
16%己・腐悬浮剂	己唑醇+腐霉利	速福	喷雾	600 倍	成分新，复配制剂，抗药性弱，防效好
50%乙烯菌核利干悬浮剂	乙烯菌核利	农利灵	喷雾	1 000 倍	效果明显，但易产生抗药性，注意轮换使用
65%禾家可湿性粉剂	多・乙合剂	禾家	喷雾	600 倍	配方独特，控制效果好

(5)叶霉病。番茄叶霉病是保护地番茄反季节生产的重要病害之一。该病流行速度快，短期内在保护地即可暴发成灾，一般损失在 20%～30%，严重时可达 50%～80%。

症状识别：此病主要侵害叶片，茎、花、果也可受害。叶片发病由下部老叶向上发展，而以中部叶最易感染。叶正面首先出现微黄色褪绿斑点，边缘不清晰，叶背面生灰白色霉点，以后褪绿部分变成椭圆形或不规则形淡黄色病斑，逐渐呈黄褐色或褐色，叶背面灰白色霉点变灰褐色或黑褐色绒状霉层，霉层中央较密，边缘稀疏。发病严重时，病斑连片，叶片干枯卷曲，直至病株枯死。果实受害后，可围绕果蒂形成圆形黑色病斑，病部稍凹陷而硬化，或在果面上产生较大斑块，最后变成僵果或大量落果。

防治方法详见表 4-8。

表 4-8　防治番茄叶霉病推荐的药剂

中文通用名	有效成分	商品名	施用方式	使用剂量	备注
70%丙森锌可湿性粉剂	丙森锌	安泰生	喷雾	500～600 倍	广谱性保护剂,杀菌补锌显著
50%扑海因可湿性粉剂	异菌脲	扑海因	喷雾	800 倍	兼治灰霉病,防效佳
43%戊唑醇水剂	戊唑醇	好力克	喷雾	3 000 倍	防效最佳,效果明显
25%丙环唑水剂	丙环唑	斑无敌	喷雾	5 000 倍	防效佳,但应控制用量,易出药害
10%苯醚甲环唑水分散颗粒剂	苯醚甲环唑		喷雾	1 500 倍	使用安全,不易出药害,防效不太突出

(6)溃疡病:番茄溃疡病为害较大,茎叶果均可受害。

症状识别:幼苗发病初期叶缘由下部逐渐向上萎蔫,胚轴或叶柄处产生凹陷溃疡状条斑,植株矮小或枯死。成株染病初期下部叶片凋萎,茎内部变褐色,逐渐产生空腔,下陷或开裂,茎略变粗,并有不定根产生。茎部受害,病菌沿着维管束传播,致使一侧或部分小叶凋萎。果实受害,果面上出现白色突起的斑点,逐渐变褐色。

防治方法详见表 4-9。

表 4-9　防治番茄青枯病和溃疡病推荐的药剂

中文通用名	有效成分	商品名	施用方式	使用剂量	备注
78%硝基腐殖酸铜可湿性粉剂	硝基腐殖酸铜	万家	喷淋	600 倍	效果最好,属于有机态铜制剂,可和其他药剂混用,治疗、预防兼备
47%春雷·王铜可湿性粉剂	春雷霉素·王铜	加瑞农	喷淋	600～800 倍	效果可以,宜在前期使用
50%琥胶肥酸铜可湿性粉剂	琥胶肥酸铜	DT	灌根	400 倍	抗性强,宜在前期使用,治疗差
77%氢氧化铜可湿性粉剂	氢氧化铜	可杀得	灌根	500 倍	效果可以,但不能和其他药剂混用

(7)病毒病：番茄病毒病有多种不同的症状表现，最常见的有以下 3 种。

花叶型。多发生在顶部，老叶症状较轻。叶片呈现浓淡不均、黄绿相间的病斑，叶片凸凹不平，严重时叶面卷曲皱缩，或落花落果，果实小且品质差。

蕨叶型。顶部幼叶细长，不易展开，严重时螺旋状下卷。新生叶狭小，厚而硬，有的形同黄瓜卷须，复叶节间缩短，丛状枝。花冠加长成巨型花。植株矮化，病果畸形，果心呈褐色。

条斑型。叶片上病斑呈深褐色斑点或云纹状斑块，叶片卷曲，叶背面叶脉枯褐色，病斑向叶柄基部扩展，在茎蔓上呈枯褐色斑块，病斑褐色，表面稍凹陷。青果受害，表面产生不规则油渍状褐色斑块，病果表面凸凹不平，变硬而畸形。

防治方法详见表 4-10。

表 4-10　防治番茄病毒病推荐的药剂

中文通用名	有效成分	商品名	施用方式	使用剂量	备注
20%盐酸吗啉胍·铜可湿性粉剂	盐酸吗啉胍·铜	病毒B	喷雾	600倍	注意：防治病毒病时，必须要加入瑞士汽巴公司瑞培锌，提高植株的抗病毒能力
10%宁南霉素水剂	宁南霉素	菌克毒克	喷雾	600倍	

13. 番茄生理性病害

番茄常见的生理病害主要有畸形果、果实筋腐病、裂果、空洞果、卷叶以及脐腐病、日灼、青肩黄皮果等。

(1)畸形果：春番茄生产中，易出现果实畸形，由于育苗期间温度低、光照弱，前期花芽分化受阻及花芽营养过剩(果实心皮分化不正常或形成复合花)，根系发育不良，地上部与地下部比例失调，开花期施用生长调节剂的时间、浓度不当，以及早春定植后花期低温、光照差，肥水管理失衡等，均会引起果实尖顶、畸形。

防治畸形果应选用不易产生畸形果的品种，发生畸形果后要及时摘除，以利于正常花果的发育。加强光温调控，培育抗逆性强的壮苗。苗床要光照充足并适时适量通风，幼苗破心后，宜控制昼温在20～25 ℃，夜温13～17 ℃，以利于花芽分化，培育出适龄壮苗。在肥水管理方面，采用配方施肥，最好的育苗肥为益生元育苗肥，可满足植株生长发育所需的各种营养条件，避免偏施氮肥，防止分化出多心皮及形成带状扁平形状。如果幼苗出现徒长，勿过分采用降温或干旱控苗措施，而应在加强通风、适当控湿的基础上，喷施碧护15 000倍液＋汽巴牌磷酸二氢钾600倍液，这样既可提高幼苗质量，又不影响花芽分化。

(2)果实筋腐病：筋腐病是保护地番茄发生的一种较为严重的生理病害，冬春茬栽培的番茄多在第一、第二穗果上大量发生，病果在转红期症状明显。主要症状是果实着色不匀，有绿色斑块，横切后可见果肉维管束变褐坏死。病果胎座组织发育不良，部分果实有空腔发生，严重时发病部位呈淡褐色，表面变硬。重病的果实无商品价值。发病植株的茎、叶没有明显症状，不同品种抗筋腐病性能不同，环境条件对发病的轻重有很大影响，光照不足，气温偏低，连续阴天，对光合作用极为不利，容易发病。同时，地温低，土壤湿度过大或过小，通风不良，农家肥施用较少，氮肥过多，土壤中缺钾、硼等营养元素，植株对土壤养分的吸收不平衡，影响光合作用及光合产物的积累，也易发病。因此，光照不足、积温不足是筋腐病发生的重要原因。此外，重茬地，缺乏微量元素，温室空气不流通，温度过高，昼夜温差小，也会引起筋腐病。

防治上应采取农业综合措施，以力求减轻发病程度。选用抗病品种作为重发地区的主栽品种；发病重的温室定植时使用益生元菌肥，有利于缓和土壤养分的失衡状况，促进作物对土壤养分的平衡吸收，以满足代谢作用的需要；根据番茄对氮、磷、钾、钙、镁的吸收比例，确定合理的追肥方式，针对河北市场，最适合的冲施肥为菜乐乐冲施肥，长期冲施可以协调各种元素的吸收比例，改善土壤营养状况，增强光合产物的积累；采用透光性能好的农膜，适当稀植，增加行间透光率，改善光照条件，调节好适宜的温度及土壤氧气、水分供应，适当降低夜温，最大限度地促进光合作用。叶面喷施瑞培乐 3 000 倍液＋汽巴磷酸二氢钾 500 倍液，15～20 天 1 次，连续喷 2～3 次，能够促进光合产物的运输和积累。

(3)裂果：以果蒂为中心向外形成放射状或同心圆状裂沟，或果脐呈不规则状开裂。放射状裂果是由于表皮失去弹性，果实吸水，内部膨压很强所致，常在果实变色期发生。裂果不适于贮藏和运输，易感病害，形成烂果，商品性降低。发生原因跟水分有直接的关系，土壤水分忽高忽低，果皮表面硬化，突然加大湿度，果实内水分增多，果实膨大，果皮胀裂；温度忽高忽低，湿度不均衡，果实膨大不正常，发生裂果；阳光直射果实表面，使果实硬化，吸水后造成裂果；当果实内含物较高时，果皮着水，发生裂果。

防止裂果发生应选用抗病品种，长型、小型果品种不易裂果，大果型中，皮厚、无果肩品种裂果少；加强水分管理，每亩地施美国硼砂集团优力硼锌肥 200 克，提高土壤保水透水能力，在果实膨大期经常灌水，保持土面湿润，防止土壤过干过湿，叶面喷施瑞培硼 1 500 倍液，也可以减轻环状裂果的发生率。喷施瑞培钙 1 500 倍液，可以加厚番茄果皮的厚度，减轻果实纵裂的现象。

(4)空洞果(空心果)：果实外形带棱角，果内不充实，果皮厚薄不均，果肉汁少，果皮和果肉分离，出现空腔，品质差，单果重降低。造成番茄空洞果的原因较多：开花期的高温抑制了花粉粒的发育，使不孕花粉粒增多，受精不完全，种子形成较少，胎座组织发育差，果胶物质形成少，形成空洞果；果实连续采收，发育后期天气炎热，呼吸和蒸腾作用旺盛，而水肥供应不足，使果实中养分亏缺，供应不足；施用氮肥过多，植株生长过旺，或土壤贫瘠，在果实膨大时水肥供应不足；植物生长调节剂处理后果实生长迅速，但水肥供应不足，致使养分分配失调。

生产上防止空洞果的发生的措施：底施益生元菌肥 50 千克/亩，追施菜乐乐冲施肥，保证氮、磷、钾肥和微量元素的配合施用，并加强后期管理；喷花时加入 20%金哥，每袋兑水 45 千克，也可有效地解决空洞果的问题。

(5)脐腐病：脐腐病也叫黑膏药。发病部位在果实脐部，幼果较易受害。发病初期，果实脐部出现暗绿色水渍状斑点，病点逐渐扩大，达 1～2 厘米，果实其他部分可继续增大，并提早转红，最后病斑变为褐色或黑色，稍凹陷，果脐扁平。造成脐腐的主要原因是水分供应失调。前期水分供应充足，植株生长旺盛，而结果期水分缺乏易发病；大量施用未经腐熟的农家肥，土壤浓度过高；土壤过于黏重，盐分过高，天气干旱条件下，蒸发量过大等情况易发病。另外，土壤中可吸收的钙质不足，或植株吸收钙的能力下降，使果实细胞生理代谢紊乱，失去控水能力，也可造成脐腐病。

脐腐病的防治应多方面考虑：定植前期，以适当控水为主，既可促进根系生长，又有利于减轻病害，保证结果期有充足的水分供应，浇水选晴天上午和傍晚进行；坐果后 30 天是番茄吸收钙质的关键时期，此期间要保证钙的供应，可用瑞培钙 1 500 倍液叶面喷雾施肥，一般从开花期开始，每隔 15 天 1 次，共用 2～3 次。

(6)卷叶：卷叶多发生在番茄生育中后期，顶部叶片或底部叶片或全株叶片卷曲。果实暴露于阳光下，影响果实膨大，甚至出现日灼病。造成叶片卷曲的主要原因是气温过高而土壤含水量较低，发病较重，高温或干旱也容易引起叶片卷曲，植株整枝打杈过重，也会引起卷叶，另外与品种也有关。

防治卷叶要先做好土壤水分管理，防止出现土壤过干或过湿，加强通风管理，控制高温出现。协调植株的生长状态，避免打杈过重。同时叶面喷施汽巴牌磷酸二氢钾 600 倍＋瑞培乐 3 000 倍，可以缓解卷叶症状。此外，选择抗高温的品种也很关键。

(7)番茄缺镁：发病初期，叶正面块状失绿发黄，以后慢慢发展到整个叶片，但叶缘和叶脉仍为绿色。

发病原因：土壤温度低影响根系对镁的吸收；钾肥用量过高；土壤中缺镁。

防治方法：多施有机肥和提高地温；配方施肥，减少钾肥用量；土壤缺镁时，每亩底施硫酸镁 10～15 千克；根外追肥，出现症状后，可喷 800 倍瑞培镁水溶液。

(8)番茄青肩果、黄皮果：番茄进入结果盛期以后，遇到不良天气（气温低、光照弱），或者施肥不合理（偏施氮肥）就很容易引发番茄青肩果、黄皮果。预防时一是要延长蔬菜的见光时间；二是平衡蔬菜施肥，增施磷钾肥；三是壮根养根，增强植株抗性，叶面喷施瑞培乐（内含硼、钙、镁、铁、锌），增加微量元素的吸收量，促使各元素的吸收平衡；四是叶面喷施天赐宝（黄腐酸盐）、番茄宝（内含稀土）等叶面肥；五是平衡植株坐果数量，不能过多或者坐果结位过低；六是控制点花激素浓度，不能过高，点花药点花后，及时追施菜乐乐冲施肥。

(9)番茄日灼：番茄果实受强烈日光照射后，初期果皮呈苍白色革质状，后果呈黄白色至褐色相间的斑块，果实向阳部干缩、变硬、凹陷，表面呈漂白色，果肉变褐。后期病部常被病菌寄生，腐烂，表面有褐色霉层。

形成原因：果实生长发育后期，遇高温、干旱或强烈照射；靠近塑料膜处温度高时，果实表面水分消耗量大而形成灼伤。

防治措施：种植耐热品种；采用遮阳网或架蔓生蔬菜间作，遮阴降温，减少蒸腾；喷施 1 500 倍的瑞培硼，增强植株抗热能力；喷施瑞培钙 1 500 倍液，增加果皮的厚度，也可达到抗日灼的目的。

(10)番茄坐果率低：原因主要有 3 个。一是缺硼，二是天气原因，气温过高（高于 32 ℃）或过低，三是蘸花保果药剂使用不当。预防时，底施或追施硼锌肥（如美国硼砂集团优力硼锌，每亩 200 克），同时开花前叶面喷施瑞培硼 1 500 倍液，每 7～10 天一次，连喷 3～4 次；蘸花保果药剂采用靓花，可以解决温度对坐果率的影响。

14. 虫害

(1)蚜虫、白粉虱、潜叶蝇：使用 30～40 目的防虫网，可控制多种害虫的危害；在棚室内设诱蚜板，每亩 30～40 块，当诱满蚜虫或白粉虱后，再涂一遍，一般 7～10 天涂 1 次；药剂防治，用 1.8%爱福丁乳油、艾美乐、扑虱灵、金好年等喷雾防治。

(2)茶黄螨：危害时间从 6 月初到 9 月底，主要集中在幼嫩部分刺吸危害，由于虫体较小，肉眼很难识别，药剂防治在初花期开始打药，每 10 天 1 次连续防治 3～4 次，可选用 73%克螨特乳油 2 000 倍液，53%奥美特 1 000 倍液，螨危 4 000 倍液等喷雾防治。

(3)棉铃虫：用美除 1 500 倍液，或用敌杀死乳油 1 000 倍液于清晨喷雾。

(4)地下害虫：番茄定植时用敌百虫拌杀菌土、毒饵或毒液施于垄沟内。

(5)根结线虫病：定植前，采用高温闷棚的方法闷棚 3～4 天；定植时，穴施益舒宝颗粒剂，每亩 3 千克。

15. 对药剂防治的几点要求

(1)喷雾器使用前要仔细检查，喷出的雾要细而均匀，喷过除草剂的喷雾器一定要用清水多次冲洗，干净后方可使用。

(2)兑药时要严格按剂量要求使用，先在喷雾器加一少半的水，然后加药，再将水加到标准线，充分摇匀，再喷雾。

(3)喷雾要求均匀周到，叶正面、背面、茎部都要喷到，才能取得好的预防和治疗效果。

(4)铜制剂如可杀得、络氨铜、DT 杀菌剂要单独使用，建议经常使用可杀得进行预防。

16. 采收

番茄果实的采收应把握“稍早勿晚”原则，在果实进入转色期即果实顶部变为橙黄色后进行采收。采收不及时容易造成大量烂果、裂果，并影响植株的持续坐果。具体操作为：采收后直接上市的可以选择在果实成熟期着色较好时采摘；隔天上市的可在变色期采摘；如若需长途运输，可根据贮运时间，在果实白熟期喷施 1 000 毫克/千克的乙烯利催熟，然后采摘。

(三)日光温室西葫芦吊蔓高效栽培技术

承德日光温室栽培面积逐年增加，但是 70% 以上温室以黄瓜生产为主，从 2007 开始，承德引进了西葫芦立体栽培技术及优良品种，种植效益显著。

1. 品种选择

选择植株生长势旺盛，抗逆性强，耐低温弱光，节性好，瓜形外表美观，品质佳，商品性好的品种。

2. 育苗

(1)育苗时间：10 月上旬至 1+1 月上旬播种，12 月中旬至 1 月上旬开始收获，采收期可达 200 天，生产旺季正值元旦、春节需求高峰。

(2)育苗方法：营养钵育苗或营养土块育苗。

(3)营养土的配置：选前茬没有种过瓜类作物的菜园土和充分腐熟的农家肥或市场上买的有机肥按 5∶1 的比例混合均匀后过筛，每立方米营养土加入 80～100 克的杀菌剂和 60～80 克的杀虫剂(杀菌剂如地菌净、百菌清等，杀虫剂如敌百虫等)。做到养分全面，彻底杀虫灭菌。

(4)装营养钵：将配制好的营养土装入 10 厘米×10 厘米的营养钵中，灌足底水待播。

(5)播种：将种子平放于穴内，盖 1.5～2 厘米的营养土，覆土后盖地膜，保湿提温。

(6)播后管理：出苗前应保持较高的温度，昼温保持在 20～25 ℃，夜温 15～18 ℃，待种子有出土迹象时，将膜去掉，加盖 60 目的防虫网，防蚜虫、白粉虱、斑潜蝇等；出苗后将温度控制在 18～22 ℃，育苗期一般不浇水，若底水不足或苗土沙化严重出现干旱时，应用喷壶喷水，不可大水漫灌；子叶展开时对苗床喷施普力克，防治猝倒，立枯病，苗期需要 15～20 天；当苗长至两叶一心时即可定植，定植前喷一遍阿克泰加病毒 A，防治蚜虫、飞虱和病毒病发生。

3. 整地

(1)定植前一个月按每亩 15～20 米^3 的腐熟农家肥和 150 千克的三元素复合肥均匀撒入棚室内，深翻 30 厘米以上，整平地面，大水灌地，高温闷棚 10 天，待棚土稍干时再次旋耕，耙细、整平地面。

(2)做垄：要求大行 90～100 厘米，小行 70～80 厘米，垄高 20 厘米左右，垄背与垄沟必须南北水平，便于以后灌水。

(3)定植：选择晴天上午进行，定植采用三角形插空定植法，按每亩1 000～1 400株的密度定植，株距60～70厘米，穴内要浇透3 000倍的绿亨一号，防止后期烂秧或烂根；定植时坐水栽苗，将苗摆放于穴内，盖土深度与苗坨齐平，盖土时不要用手按压苗坨；整棚定植完后，灌足定植水，灌水时大小行全浇，水不能淹到秧苗。

4. 定植后至结瓜前的管理

(1)温度：缓苗阶段温度在白天24～26 ℃，夜间18～20 ℃，缓苗后要降低棚温，白天控制在18～20 ℃，夜间8～10 ℃，适当低温蹲苗，防止徒长。

(2)水分：在底水灌足的情况下，根瓜采收前一般不要浇水，若干旱，在垄沟内膜下溜一小水，棚南见水即可。

(3)划锄：定植水浇过后，能划锄时尽量早划锄，要求松土1～2遍，第一遍应浅，秧苗茎基部也要轻轻地划起，第二遍应深，深度为3～5厘米，划土的同时往垄上培土，重新修整垄面，便于后期浇水。

(4)覆膜：结合中耕，进行床面铺膜，选用0.08毫米的白色地膜，减少水分蒸发，降低棚内温度。

(5)调节植株长势：从定植后到根瓜坐住前，在通风、透光、控水等物理方法控制不住时，出现徒长，可用控制素进行调控，如多效唑，根据植株长势一般每次每亩用量1～2克，围绕生长点对叶片喷雾，几天后若发现控制不住时，可再喷一次。多效唑使用一次不可过量。

(6)去根瓜：根据植株长势去根瓜，若植株长势旺盛，根瓜瓜条顺直时，可留，但应适当早摘，若植株长势弱，根瓜要及时早摘掉。

5. 结瓜后的管理

(1)温度：结瓜后温度应保持在22～25 ℃，夜晚8～14 ℃。

(2)水肥:第一批瓜采收完后,膜下灌水冲肥,用量为每亩 20 千克的腐殖酸或生物肥料,以有机肥为主,适当使用化肥,返春后(3 月上中旬)冲肥以氮、钾为主,每次每亩施入 15～20 千克。

(3)光照与通风管理:在不影响温度的情况下,草苫要尽量早拉晚放,前期必须加大通风,以降低温度。低温或阴天时,要间断放风,起补充二氧化碳和降低棚内湿度的作用,减少灰霉病、菌核病的发生。

(4)立体吊蔓:这种栽培模式是调节长势、增加生长空间、合理利用光能、增产增效的一种新的栽培措施。吊蔓前应及时拉好铁丝,在温室后柱上 1.8 米高处东西向绑一根 8 号铁丝,南北向中间位置 1.8 米高处同样由东向西拉一根 8 号铁丝(铁丝要用紧线机拉紧、拉直,分别穿过两侧土墙并固定在地锚),在每一行瓜苗上方,南北方向拉一道 16～18 号铁丝,一端系在北边立柱铁丝上,中间放在 8 号铁丝上方,以防铁丝下坠,南端系在前沿高 1.2 米左右处的大棚 8 号铁丝上,每株瓜苗基部系一根吊绳,上端系在南北向的铁丝上,也可以将下端系在一根短木棒上,插在离瓜苗 5 厘米以外的地下,当植株封垄时即可用绳缠住瓜蔓,以后每 3 天缠蔓一次,缠蔓时要把瓜蔓压弯,压得大小视瓜蔓长势而定,长势强、瓜蔓高的要弯得大一些,长势弱、瓜蔓矮的弯小一些,甚至不需要压弯,以调节生长的快慢,保持生长整齐一致,便于管理,不致相互遮光,每次盘蔓后,都应该把瓜蔓控制得高低一致。

(5)疏瓜:根据植株长势确定留瓜的数量,长势旺盛或环境良好时,可留 3～4 条瓜,植株特别旺盛时应适当晚摘。长势弱或严冬时植株可留 1～2 条瓜,植株特别弱或出现花打顶时要适时早摘。

(6)去叶:去老叶应在春节后进行,掌握在晴天上午去,下午或阴天不要去,每次去叶最好不要超过 4 片,去叶要从茎秆处连同叶柄一起去掉,去叶要用手去,不要用刀、剪等物。去掉的叶及时带出棚外,并在伤口处涂抹中生菌素、溃疡宁、铜制剂等。以防伤口感染病菌引起烂秧。去叶后加大通风排湿,使伤口早日愈合。

(7)恶劣天气的管理:连阴天骤然转晴,植株出现萎蔫时,要及时对植株喷温水,最好在水中加入糖、牛奶、豆浆等,补充碳水化合物。大风天气,及时关闭风口,棚膜松时及时放草苫,压棚膜一次性降雪量过大时,及时清除积雪,开苫见光。

(8)人工辅助授粉:抹瓜应在晴天露水干后进行,全天均可,阴天不宜抹瓜。花瓣由绿变黄,微微张开时为最佳抹花时间,用毛笔一瓜一蘸,顺瓜条全身抹,大瓜头抹小头,弯头瓜抹弯面,注意要从把端往花的方向抹。

(9)采收:在晴天上午,及时采收,宜采 300～400 克的瓜,不宜采大瓜,亩产量达 15 000 千克。

6. 生产中出现的问题

(1)烂秧的问题:烂秧分为如下两种情形。

▶ 第一种

症状:植株基部距离地面 10 厘米左右受害,髓组织溃烂,湿度大时,溃烂处流出灰褐色的水浸状黏稠物并有恶臭味,农户称之为烂秧。

病原:该病由胡萝卜欧式杆菌软腐亚种细菌侵入植株伤口后,繁殖分泌果胶酶溶解中胶层,导致细胞崩裂,质水外溢引起腐烂。

传播:病菌借土壤、雨水、灌溉水及昆虫传播,侵入植株伤口,在高温高湿条件下,经 15～20 天的侵染繁殖过程,引起烂秧。

伤口:植株缺硼少钙,养分失衡,引起茎裂;生长中后期茎秆失去弹性,自然裂口;吊秧、疏瓜、去叶、打药等棚室作业人为给植株造成的伤口,以及害虫叮咬造成的伤口。

防治：轮作换茬，易与茄科类、豆类、葱蒜类轮作；采用高垄覆膜、膜下灌溉栽培方式；定植后及时划锄松土，并用80%乙蒜素6 000倍液灌根；在拧瓜、去叶、疏瓜等给茎秆留下新的伤口后，需立即用福美双等杀菌剂涂抹伤口处；发病初期（多为3月中下旬），建议每3～5天交替使用下列药液朝茎秆上喷雾防治，77%多宁可湿性粉剂500倍液，45%毕菌手600倍液，20%安康400倍液，3%中生菌素可湿性粉剂。若烂秧较重时，可用竹片将腐烂部剐掉，用中生菌素液清洗后涂上溃疡宁药面。

▶ 第二种

症状：茎基部与地面接触处，髓组织腐烂，严重时腐烂部呈朽木状并伴有白色晶体，无臭味。

病原：该病由土壤中的酸根离子和盐离子通过表皮伤口渗透到植物体内造成的生理性烂秧。

传播：土壤中的酸根离子和盐离子主要是通过浇水从伤口渗透到植物体内进行传播。

伤口：高脚苗、徒长、控秧过度、前期带瓜太多造成植株早衰，引起的自然裂口；栽苗、划锄、吊秧等人为的机械操作造成的伤口，以及害虫叮咬造成的伤口；施肥不当、土壤盐渍化、土壤板结、地温过高造成的对幼茎的灼烧引起的伤口。

防治：高温闷棚，整地前大水淹地，降解土壤盐分；基肥中多施秸秆肥或采用挖丰产沟施肥法；采取高垄定植膜下灌水的种植方式，严防浇水时明水淹苗；定植后及时划锄松土，防止土壤板结；合理密植，培养壮苗；及时疏瓜，做到均衡协调带瓜，防止阶段性节瓜。控制徒长，严防一次性控秧过度；适时去老叶，加强通风透光，降低棚内湿度；定植后7天用绿亨一号灌根，一周后再用福美双或甲基托布津灌一次根，防止土壤中的真菌传染。

(2)花打顶的问题:症状、病因及防治方法如下。

症状:生长点附近的节间缩短,没有心叶,出现雌花抱头,俗称花打顶。

病因:植株长势弱或控秧过度,营养生长受到抑制而生殖生长过快,出现花打顶;棚内高温干旱,尤其是土壤干旱时,由于肥料过多、水分不足而导致烧根,或者土壤过湿,但气温偏低,造成沤根,出现花打顶;土壤条件不适,根系活动弱,吸肥困难,导致生理缺肥,出现花打顶。

防治:合理调控温度,防止过低或过高;及时松土,提高地温;合理施肥,多施腐熟的有机肥,冬前冲肥以腐殖酸或生物肥料为主,尽量不施化肥;适时适量浇水,避免大水漫灌影响地温,造成沤根;出现花打顶时适量摘除雌花,补施叶面肥,提高温度,早采瓜。

(3)银叶病的问题:症状、病因及防治方法如下。

症状:植株长势弱,株型偏矮,叶片下垂,生长点叶片皱缩,呈半停滞状态,茎部上端节间短缩,茎及幼叶和功能叶叶柄褪绿,叶片叶绿素含量低,严重阻碍光合作用;叶片初期表现为沿叶脉变为银色或亮白色,以后全叶变为绿色,在阳光照耀下闪闪发光,但叶背面正常,常见有粉虱的成虫或若虫,3～4 片叶为敏感期。幼瓜、瓜码及花器柄部,花萼变白,瓜也变白色,丧失商品价值。

病因:受烟粉虱 B 型危害引起。

防治:适当晚播,降低温度。用吡虫啉、锐劲特、阿维菌素、高效灭百可、除尽等＋爱多收或低聚糖素等防治。

(4)徒长的问题:症状、病因及防治方法如下。

症状:徒长分为两个阶段。一是定植后至根瓜座住前,此期由于植株没有负担,且温度较高,在肥水充足的条件下极易徒长。二是返春后(3 月上中旬)由于植株刚刚度过严寒,正处于恢复阶段,植株本身带瓜又少，气温回升比较快，容易出现徒长。

防治：前期必须加大通风降温，使温度控制在 18～20 ℃，肥水上注意底肥不要用速效氮肥，应多施腐熟的有机肥或秸秆类的肥料，根瓜坐住前不旱不浇水，出现干旱时可膜下溜一小水，不可大水漫灌。定植缓苗后及时中耕松土，促根壮秧。草帘要早揭晚盖，加强光照时间。后期掌握多留瓜、适量采大瓜、以瓜拽秧的方式来控制徒长。在物理方式控制不住时，可用控制素控制，如多效唑，每亩用量 1～2 克对老叶喷雾，注意多效唑一次性使用不能过量。

(5)其他常见病虫害防治：防治方法如下。

主要虫害防治：应在物理防治的基础上进行化学防治，温室内悬挂诱杀虫板。蚜虫用 2.5%溴氰菊酯乳油 1 000～1 500 倍液喷雾，喷洒时应注意叶背面均匀喷洒；白粉虱、烟粉虱用 25%阿克泰水分颗粒剂 3 000～5 000 倍液喷雾；美洲斑潜蝇掌握在幼虫 2 龄前，用 1.8%阿菌素乳油 3 000 倍液喷雾。

主要病害防治：病害应以预防为主，控制温湿度，控制杀灭传播害虫，结合应用化学药剂进行综合防治。在发病初期及时防治，打除病残叶，严重的整株拔除，并带出田外销毁。霜霉病用 72.2%普力克水剂 800 倍液，或 72%克露可湿性粉剂 800 倍液，或 69%安克锰锌可湿性粉剂 500～1 000 倍液，或 72%克抗灵可湿性粉剂 800 倍液喷雾；灰霉病 50%速克灵可湿性粉剂 1 000～2 000 倍液，或 70%甲基托布津可湿性粉剂 800 倍液喷雾；白粉病用 40%多硫悬浮剂 800 倍液，或 75%百菌清 800 倍液等喷雾；病毒病用 5%菌毒清水剂 400 倍液，或 0.5%抗毒剂 1 号水剂 300 倍液，或 20%病毒 A 可湿性粉剂 400～500 倍液喷雾。

(四)山区水果型彩椒槽式基质栽培技术

自 2004 年起，承德将彩椒引入越夏冷棚栽培，曾凭借其优异质量，独有资源，一度大量销售到北京及南方城市，取得良好的经济效益。但是随着全国彩椒栽培的不断发展，冀北彩椒产区的主要销售市场已经趋于饱和，在此前提下，承德产区的生产出现细分，彩椒的蔬菜副食功能逐渐淡化，水果保健功能越发突出。通过与传统越夏、越冬换茬栽培相比较，同样是8～10个月的采收期，采用现代槽式基质栽培，商品供应连续无断档，市场占有率更高。

1. 基础条件

(1)设施要求：为方便生产管理，采用槽式基质栽培的日光温室要求南北跨度不小于8米，脊高不低于4米，且距南部0.5米处高度不低于1米，东西延长不小于60米。内部地面平整，铺设塑料透水地布，促进清洁生产，减少杂草丛生，南北方向要有5°～10°的坡度，便于回水管道回水。

(2)营养液循环系统：营养液循环系统主要由储液池、营养液流动系统构成。构建营养液循环系统，在温室边角处建造一个储液池，依照棚室面积计算容量大小，每亩不低于10米^3。营养液流动系统主要由供液管道、水泵、调节流量的阀门、滴管组成的供液系统和回水管道构成。所有管道均为塑料管道，以防止生锈腐蚀。

(3)栽培槽模式：目前用于生产的栽培槽主要有两种形式，其差异主要是栽培槽的类型不同。一种为单个塑料小槽，横断面为等腰梯形，上口宽25厘米，长50～70厘米，高15厘米，槽间行距为1.2～1.5米，列间距为40厘米，每个栽培槽定植两棵植株。另一种相对简易，是对原有砖槽系统的进一步改进，槽宽为20～25厘米，高15～20厘米，布局时根据棚室跨度设计栽培槽的长度。这两种栽培槽都有相应的过滤网和过滤膜等基本结构，以促进营养液和水分的回流。观赏型栽培槽是在保持槽式栽培基本结构的前提下，将栽培槽进行变形，可设计成圆形、三角形、花形等形式。

(4)栽培基质选配:栽培基质可选用珍珠岩、河沙、炉渣、蛭石等无机基质与椰糠、秸秆、稻壳、草炭、菇渣等有机基质按照一定比例进行混合。目前常用的基质配比主要是草炭、炉渣、沙,按 4∶3∶3 混合,泥炭、炉渣、蛭石按 4∶4∶2 混合。复合基质容重一般在 0.3～0.8 克/米^3;EC≤0.8。使用前一周用 96%恶霉灵可湿性粉剂 3 000 倍液对栽培基质进行消毒处理。经高温晾晒、药剂消毒后,基质可以重复利用。

2. 栽培技术要点

(1)品种选择:根据当地土壤和气候特点,宜选用抗病性强、耐寒、耐热、耐弱光、连续坐果性强和耐贮运、商品性好的品种。

(2)适时播种:冬春茬可在 8 月中旬到 8 月底播种,9 月移栽,11 月中旬进入采收期;夏秋茬可在 3 月中旬到 3 月底进行播种,4 月移栽,5 月即可进入采收期;根据市场需求,一次定植可连续采收 8～10 个月。

(3)培育壮苗:选用 50 孔、72 孔、128 孔的穴盘育苗。育苗基质按草炭∶蛭石∶腐熟牛粪=2∶1∶0.25(体积比)的比例进行配制,使用前两天用 96%恶霉灵可湿性粉剂 3 000 倍液进行消毒,播种前将苗盘浇足水,待水渗下,撒薄层细土,即可播种。

待播种子需要提前做好温汤浸种,播种时一穴一粒,播后覆厚 0.5～0.8 厘米的营养土或珍珠岩。穴盘表面应及时覆盖草帘、报纸或地膜,以利保湿,注意严防高温干旱,保持环境温度白天在 35 ℃以下,基质相对湿度维持在 80%左右。

(4)苗期管理:主要措施如下。

温度:若夏秋季节播种,应做好覆膜防雨、遮阴降温、防治蚜虫、间苗蹲苗等工作。为利于通风降温,及时打开风口并撩起棚前侧薄膜。冬春季节播种,需注意苗床保温,控制秧苗徒长。

光照：为防光照过强，应在育苗棚上覆盖遮阳网。出苗后应尽早见光，及时间苗。

水肥：根据苗情、基质含水量和天气情况及时浇水，夏秋季育苗一天 1～2 次，促根系生长；喷施 0.3%的磷酸二氢钾叶面肥，防植株徒长。

其他：整个苗期应注意蚜虫、白粉虱及病害的防治，培育无病虫害壮苗。育成的秧苗以植株矮壮，茎部粗大，叶色深绿，根系发达的为好，要适当控制肥水，避免徒长。

(5)定植移栽：当幼苗长至四叶一心时即可定植。定植前两天用 45%百菌清烟剂 200 克/亩或用 15%腐霉利烟剂 250 克/亩熏棚杀菌消毒。定植当天先将栽培槽内基质用水浇透，株距 40 厘米(每槽两株)，将滴管插好，一株一个。定植时，要保证幼苗根坨良好，减少对根的伤害。根坨要低于基质 1 厘米，定植后及时浇水。

3.定植后的植株管理

(1)温湿度管理：温室白天保持气温为 26～30 ℃，夜间 15～18 ℃；坐果后提高温度，白天保持 25～28 ℃，夜间 15～20 ℃，空气湿度为 55%～70%，湿度过大易引起病虫害。中午阳光充足，温度高时，要及时通风，可通过遮盖遮阳网和利用水帘来调节棚室温湿度。严寒时要及时覆盖草帘及棉被，并使用加温设备，保证植株生长对温湿度的要求。基质温度保持在 15～22 ℃为宜，基质温度过高时，可以通过增加浇水次数降温；基质温度过低时则减少浇水或者给营养液加温浇温水。

(2)营养液配制及管理：定植后前 7 天不浇营养液，清水灌溉促进缓苗。缓苗后即可进行营养液灌溉。水循环式供液，随配随用，目前本地椒类营养液多采用山崎椒类配方，日本园试、霍格兰、山东农业大学、华南农业大学的通用配方在不同园区和基地也都有使用，具体配方参照表 4-11、表 4-12。用量根据彩椒不同的生长时期,生长状况及天气情况等进行调整。pH 酸碱度控制在 5.8～6.2,EC 值苗期控制在 1.8～2.0,生长期在 2.0～2.2,开花结果期为 2.2～2.8。营养液供给时间主要集中在白天,夏季 6:00—18:00;春秋季节 8:00—17:00;冬季 9:00—16:00。不同季节,在供液的跨度时间内,根据作物生长时期和天气状况调整供液时间。一般来说,夏季植株蒸发量大,供液时间长,频率高,每小时供液 8～10 分钟;冬季气温低,光照弱,每两小时供液 8～10 分钟;春秋季节,每小时供液 5～8 分钟。冬季营养液水温不可过低,可使用加热管等对营养液进行加温,调控加温到 15 ℃以上为宜。冬季和阴雨天气可减少供液量和供液频率。

表 4-11　彩椒营养液配方大量元素　　毫克/升

化合物/分子式	日本园试配方	山崎椒类配方	霍格兰配方	山东农业大学配方	华南农业大学配方
硝酸钙	950	354	945	910	472
硫酸钾	810	607	607(硝酸钾)	238	404
磷酸二氢铵	155	96	115	185	100
硫酸镁	500	185	493	500	246

表 4-12　通用微量元素配方　　毫克/升

化合物名称	配方用量	元素含量
硼酸	2.86	0.5
硫酸锰	2.13	0.5
硫酸锌	0.22	0.05
硫酸铜	0.08	0.02
钼酸铵	0.02	0.01
Fe-EDTA	20～40	2.8～5.6

(3)光照管理:光照是彩椒生长发育的关键因子,植株正常生长

对光照强度的要求为3万～3.5万勒克斯。冬春季节，光照较弱，应保持棚面清洁，并控制好覆盖棉被的时间，尽量增加棚内光照强度及时间。夏秋季节光照过强，则需覆盖遮阳网遮光。

(4)保花疏果：冬春季节，为减少环境对于彩椒生殖生长的影响，可采用25～35毫克/千克的坐果灵处理花序，保花保果。处理常用喷雾法，用小喷雾器对准花穗上已开放或刚开放的花朵喷雾，使花朵和小花梗沾满药液雾滴即可，切勿喷在叶片和嫩梢上，以防叶片及生长点卷曲。

(5)植株管理：植株采用吊线牵引固定，采用四秆整枝，留4个主干，每枝上的2个分支留1枝去1枝，其上留4～5片叶，留果视植株长势情况和对椒大小、长势，全株留5～6个椒，疏花疏果，尤其要及早疏掉畸形果。以后留果也要根据植株长势而定，长势旺盛的植株留4～6个果，苗小、僵苗留2个果或不留果。摘果后，及时打掉下部老叶，加强通风和促进营养积累与吸收。

4. 主要病虫害防治

槽式栽培水果彩椒常见的病害主要有病毒病、猝倒病、疫病等。首先应加强种子消毒，催芽前先用1.05%次氯酸钠溶液浸泡种子20～40分钟进行杀菌消毒。加强温室管理，及时清理病株，并叶面追肥增加植株营养，缓解病害发生。其次，定植前通过高温闷棚和百菌清烟剂熏蒸消除潜在病菌。药剂防治病毒病，每亩可用8%宁南霉素水剂60毫升＋碧护或者0.5%香菇多糖水剂200毫升＋碧护可湿性粉剂40克，7天施药1次，连续喷施3～4次。猝倒病、疫病可用56%嘧菌酯百菌清1 000～1 200倍液，或72.2%普力克水剂600～1 000倍液喷雾。

虫害主要有蚜虫、白粉虱、烟青虫等。防治虫害可从以下几方面着手。依据万物相克的道理，引进白粉虱天敌，丽蚜小蜂或草蛉；依据白粉虱等对黄色的敏感性，在温室内悬挂黄板，黄板长时间使用后，刷层机油继续使用，效果明显。药剂防治主要以喷雾和熏蒸方式为主。喷雾，当叶片有成虫活动时，可选用99%矿物油乳油200～300倍液或10%吡虫啉可湿性粉剂1 000倍液、25%噻嗪酮可湿性粉剂2 500倍液、1.8%阿维菌素乳油2 000倍液混用，对彩椒叶片正反两面均匀喷雾，7天1次，连续3～4次。为提高防治效果和避免抗药性的产生，建议这几种药轮换使用。熏烟，先将棚室封闭，用35%吡虫啉烟雾剂200克/亩，或3%高效氯氰菊酯烟雾剂250～350克/亩，或用20%异丙威烟雾剂250克/亩，熏蒸大棚，消灭温室内越冬成虫，5～7天1次。

5. 适时采收

当彩椒膨大开始转色时进行采收，采收标准以整体端正、色彩鲜艳、无畸形、单果重160～260克为最佳，采收时间一般在清晨，避开高温时段，在提高商品性的同时，提高其贮藏运输性。采摘时，用剪刀将果柄剪下，防止机械损伤，以延长贮藏及保鲜时间。

三、现代蔬菜技术提升与标准化

（一）冀北越冬型单栋节能日光温室设计建造规范

温室是小暖窖的前身，承德小暖窖最早是在清朝时茅荆坝小庙村搞起的。承德市郊1920年有南菜园子孔宪富用桐油纸做前坡纸糊立窗，冬季用炭火盆取暖，生产韭黄。1953年，承德出现玻璃立窗式土暖窖，也就是承德的初级温室。20世纪60年代承德从北京引进了北京改良式温室。1977年，承德引入一面坡式竹木结构日光温室。1984年，隆化县七家乡温泉村建一面坡加立窗塑料薄膜温室。1986年，引入海城改良式半圆拱式日光温室和感王式日光温室。1989年，承德地区在最北部接坝的围场县孟奎区大龙头山乡双月村建起感王式日光温室。1990 年引入瓦房店无支柱琴弦式半圆拱型日光温室。1996 年，河北省开始推广冀优Ⅰ型塑料日光温室。2003 年，承德市蔬菜技术推广站在丰宁满族自治县大滩镇南窝铺村建立起丰宁坝上第一座节能型日光温室。2012 年以前，承德的温室都是由外引入的，直到 2013 年，承德市蔬菜技术推广站组织专家，制定发布了承德地方标准《单栋节能型日光温室建造标准》(DB 1308/T 187—2013)，这也是承德首个农用温室建设方面相关的地方标准。2018 年初，由承德市农业农村局提出，由承德市蔬菜技术推广站、沈阳农业大学负责起草，联合河北科技师范学院、承德石油高等专科学校、承德市农林科学院的有关专家，编制完成了承德市地方标准《越冬型单栋节能日光温室设计建造规范》(DB 1308/T 271—2020)，该标准提出了承德越冬型单栋日光温室采光结构设计相关参数约定模型，规范了日光温室农用建造指标，进一步挖掘了日光温室效能，增强了日光温室的使用效果。

1. 构造及性能要求

日光温室主要具有前屋面(南)、后屋面(北)、后墙(北)、山墙(东、西)、骨架、透明覆盖物、保温覆盖物等基本结构，配有缓冲间(门斗)，前屋面在冬至日正午前后能够保持 4 小时以上的合理采光时间，可以截获充分的太阳辐射量，要求温室室内温度不低于 10 ℃，10 厘米地温不低于 15 ℃。

2. 采光结构设计

(1)前屋面采光角：前屋面采光角关系模型：越冬型单栋节能日光温室要求其前屋面在冬至日午时前后的 4 小时左右时间内可以获得充分的光照，可以截获更为充分的太阳辐射量。因太阳光的透过率和太阳辐射的截获量与太阳直射光线在前屋面的投射角度、太阳高度角、太阳方位角和温室方位角有关，其关系模型可由 $\sin\beta=\sin h\cos\theta+\cos h\sin\theta\cos(A-a)$ 表达，式中：θ 为日光温室前屋采光面角，β 为太阳直射光线投射角，其取值在 47°～50°为佳，A 为太阳方位角，a 为温室方位角，正南北建造时 a 为 0°。

参数太阳高度角、太阳方位角、时角的计算，在设计温室前屋面采光角时，将 10:00—14:00 确定为合理采光时段，根据太阳高度角计算公式 $\sin h=\sin\varphi\sin\delta+\cos\varphi\cos\delta\cos\omega$ 计算出 10:00 的最小太阳高度角，式中：h 为太阳高度角，ω 为太阳时角，φ 为温室所在地理纬度。

太阳方位角 A 可由 $\sin A=\dfrac{\cos\delta\sin\omega}{\cos h}$ 计算，式中：δ 为太阳赤纬，冬至日为－23.45°。

时角 ω 可由 $\omega=15°\times(ST-12)$ 计算，式中：ST 为真太阳时，以 24 小时计时。

前屋面采光角的选用方法，当温室正南北设置，东西延长建造时，将 10:00 太阳高度、10:00 太阳方位、温室方位以太阳投射角等参数代入关系模型，计算得到河北承德北纬 39°～42°地区的温室采光屋面角在 30°～38°范围内能兼顾采光与建筑的要求，使用时以中间数值为基准，高纬度地区选偏大值，低纬度地区选偏小值，温室方位南偏东选偏小值，南偏西选偏大值，相同条件下选偏大值可获得更高的太阳能截获量。

(2)前屋面设置：温室主采光屋面采用拱圆形设计，可以同时满足作物生长、人工作业和采光、捕获太阳辐射的设计要求。在南端设置不低于 1.0 米的最低作业高度，最低作业点与主采光面形成连续圆弧，使前屋面底角处坡度不小于 60°，加大落差，增强前屋面采光，且易于劳作；屋脊处坡度不小于 8°，前屋面弧长与温室跨度比为 1.0～

1.2,可获得更好的采光保温效果,同时有利于前屋面雨雪清理、铺放保温棉被和卷帘机操作等农事要求。

(3)脊位比:越冬型单栋节能日光温室,要求具有在日间采光、保温、蓄热,夜间释热、保温的基本功能,但其又存在对外界散热的不利因素。温室地面、墙体为主要的蓄热保温面,后屋面具有一定保温功能,但会产生遮光阴影,前采光屋面是主要的对外散热途径。通过脊位比控制前后屋面大小,达到增强保温蓄热,降低对外散热的效果,脊位比是前屋面水平投影与净跨度的比值,本地合理的脊位比范围为0.80～0.85,按大跨度选大值,小跨度选小值,温暖地区选大值,寒冷地区选小值的原则选取。

(4)后屋面仰角:后屋面仰角大小对温室后墙采光蓄热和后排作物光照有影响,其设置应满足冬至至春分、秋分期间后墙和后排作物可获得充分光照,同时考虑保温被卷起位置的遮光,后屋面仰角应适当加大,取值应比当地冬至日正午太阳高度角大10°～20°为宜,一般取35°～45°,纬度高的地区选小值,纬度低的地区选大值,保温被折叠区域大的选大值,保温被折叠区域小的选小值。

3.场地及布局

(1)场地选择:宜选择在种植季节日照百分率高于50%,且南、东、西侧没有高大遮挡物的地区,建设场地地质条件好,分区平整,地下水位适中,无灾害发生,无污染;修建温室群或较大型的温室园区要做好温室排列以及配套给排水、道路、电力等设施的规划建设;温室的选址建设应符合国家相关规定。

(2)温室方位:单体日光温室坐北朝南建造,东西向延长线与真子午线之间的夹角宜≤10°,室外最低温度高于−10 ℃的地区宜南偏东布置;室外最低温度低于−20 ℃或冬季晨雾较多的地区宜南偏西布置,每偏东1°可提早接受太阳照射4分钟,有利于早晨温室内提温,偏西1°可延后太阳照射4分钟,有利于下午温室内温度的积累,各地在实际应用中应考虑当地温室生产及作息情况等影响因素确定温室方位,保证日光温室能更好地接受阳光照射。

(3)温室间距:日光温室建筑地周边在上午揭帘后至下午放帘前无遮光物影响,温室群体之间相互不遮挡,温室之间或温室与其他建筑之间的合理间隔可依据 $L=H\tan(90°-h_{9\sim10})\cos(A_{9\sim10}-a)$ 计算,式中:L 为遮光点至温室前沿之间的距离,H 为温室或其他建筑最高遮光点高度,$h_{9\sim10}$ 为冬至日上午9:00—10:00太阳高度角,$A_{9\sim10}$ 为冬至日上午9:00—10:00太阳方位角。

4. 主体建造要求

(1)基本要求:日光温室主体结构设计的使用寿命不应低于10年,一般将温室外标高确定为±0.00,室内标高与室外标高相同,也可根据需要将温室内地坪降低0.4~0.5米,设计荷载应符合GB/T 51183—2016的要求,热工设计应符合GB 50176—2016的要求,主体结构的施工与安装应符合NY/T 2134—2012的要求,灌溉系统设计应符合NY/T 2533—2013的要求,建筑设计应符合NY/T 3223—2018的要求。

(2)主体尺寸:由于受纬度、气候、气象、地理等综合因素影响,承德日光温室建设跨度在8~10米更为合理,不宜小于6米或超过12米,温度低的地区宜取偏小值,温度高的地区宜取偏大值。为了便于管理,温室长度为80~100米,不宜小于60米或超过120米,一般温室长度应为骨架开间的整数倍,骨架开间宜取0.8~1.2米,便于设置栽培床、增加作物光照。

(3)地基基础:地基基础按房屋建筑基础设置。为了增强冬季保温效果,紧贴基础内侧埋置厚度5~10厘米聚苯保温板;或在基础外侧0.2米处建造防寒沟。防寒沟宽度0.4厘米,深度1.0~1.5米,沟内填充玉米秸、炉渣或珍珠岩，沟顶覆土踏实，顶面北高南低，防止雨水流入。

(4)围护墙体：墙体是日光温室重要组件，应同时满足承重、保温和蓄热的要求。传统土墙墙体建筑要求墙体顶部厚度 1.5～2.0 米，底部厚度 3～5 米，内侧墙体上下削齐，坡度 10°～12°，外侧墙体坡度约 45°，山墙和后墙衔接处采用山墙包后墙的方式，以增加山墙的抗拉力。近些年，异质复合墙体使用越发广泛，其构造应由内向外按蓄热、承重、保温、保护功能组成。蓄热层可采用夯实黏土、实心砖砌体或石块等蓄热系数大的材料，保温层宜采用导热系数小的材料，采用夯实黏土或石块做蓄热层时，蓄热层厚度大于等于 0.5 米；采用实心砖砌体时，蓄热层厚度大于等于 0.37 米。墙体基部外侧形成坡度不小于 5%的散水，防止外部水倒流进入温室内部。

(5)后屋面：后屋面采用多层结构，由室内向室外应有防潮层、承重层、保温层、调节层和防水层，各层之间错缝拼接，后屋面外侧与外墙连接形成泛水构造，防止雨水从后坡倒灌。

(6)骨架：温室骨架使用耐高温、耐高湿、耐腐蚀的材料。骨架表面光滑，弧线均匀，易于塑料薄膜铺盖和压膜线压实。整体骨架由纵向系杆连接，纵向系杆的间距不宜大于 2 米，骨架与骨架、骨架与系杆之间相互支撑。骨架应表面光滑，弧线均匀，易于塑料薄膜铺盖和压膜线压实。整体骨架结构稳定，可靠固定。

(7)缓冲间(门斗)：缓冲间设在温室一侧山墙外，朝南开门，防止寒风直接吹入温室。日光温室南北方向排列，缓冲间应设置在同一侧；东西方向排列，缓冲间应与道路相邻。

5. 覆盖物

温室覆盖物主要分为透明覆盖物和外保温覆盖物，日光温室透明覆盖物主要采用厚度 0.08～0.12 毫米，透光率不小于 85%，且添加有少量复合稳定剂和 PVA(可提高膜的热稳定性和防雾效果)的 PVC 膜、PE 膜、EVA 膜、PO 膜;外保温覆盖物主要有稻草帘(厚度 5～6 厘米)或防寒防水保温棉被(厚度 2～5 厘米)等。温室前屋面透明覆盖物为主采光面,同时兼备温度调节功能,因此,应在前屋面底部、中部或顶部设通风口,通风口宽度 0.5～1.5 米,总面积不小于前屋面面积的 15%,通风口活动膜和固定膜搭接宽度为 0.2～0.3 米,要求覆盖防虫网,网眼密度 22～40 目,兼顾防虫与通风效果。

6.数据记录

记录设计参数,在图纸对应位置明确标注,形成档案材料存档。

(二)冀北农用无人机优化设计及露地蔬菜飞防植保

承德是冀北夏秋蔬菜优势产区,也是我国重要的夏秋蔬菜优势产区,所产大白菜、甘蓝等优质蔬菜远近闻名,产品主攻华北地区及南方夏秋淡季市场。承德蔬菜种植结构清晰,中南部地区以设施蔬菜为主,北部高海拔及坝上地区则以露地蔬菜栽培为主,广阔的播种面积需要投入大量的人力参与劳作,而近年受市场因素影响,劳动成本大幅度增加,为了解决这一问题,承德农业部门大力开展现代农业装备的研发应用。目前在以蔬菜种植为代表的农作物生产过程中,机械化整地、施肥、播种、采收和水肥一体化技术已经相对成熟,但是田间病虫害监测与防控尚主要依赖人工进行,占到总人工成本的 40%～60%。通过应用本地无人机进行飞防植保,大力推动了承德地区农业技术集约化、农民职业新型化和农业装备现代化发展。

1.冀北植保无人机平台优化设计

(1)结构布局:冀北植保无人机平台采用"X"形结构,平面四旋翼布局,轴距 1 300 毫米,该布局在飞行平衡性以及姿态控制响应速度方面效果最佳,在材料一定的情况下,采用"X"形四旋翼结构的飞行平台具有稳定性好、结构简单、重量轻、成本低、续航时间长等综合优势(图 4-1)。

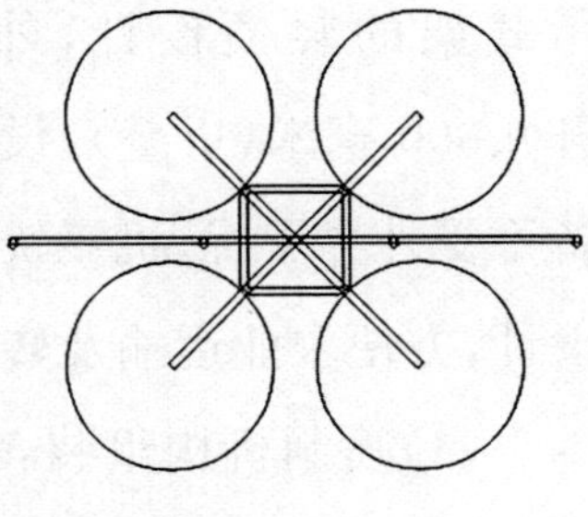

图 4-1　“X”形无人机平台

(2)稳定性强化:整套植保无人机系统采用了独创的倾角合力升举式设计,该设计有效降低了多旋翼植保无人机农田飞防过程中的机械晃动,提高了无人机在高荷载作业情况下的飞行稳定性(图 4-2)。

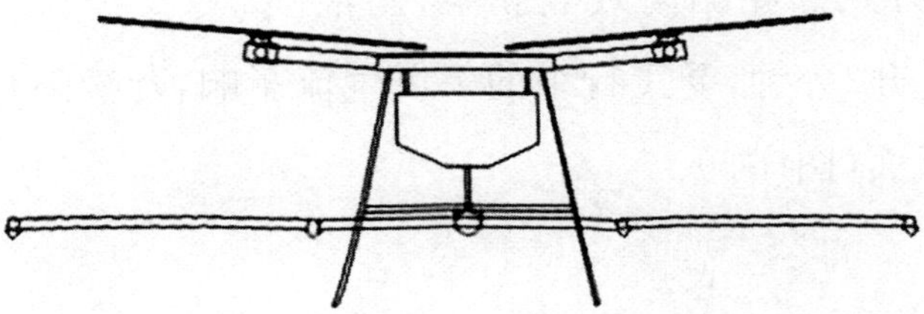

图 4-2　倾角合力升举式设计

为了保证了飞行平台高荷载、动态作业情况下的飞行稳定性,飞行器各个机臂和喷洒机构喷杆与水平面均有 5°的向轴心上反角,从而增强了飞行平台的整体稳定性(图 4-3)。

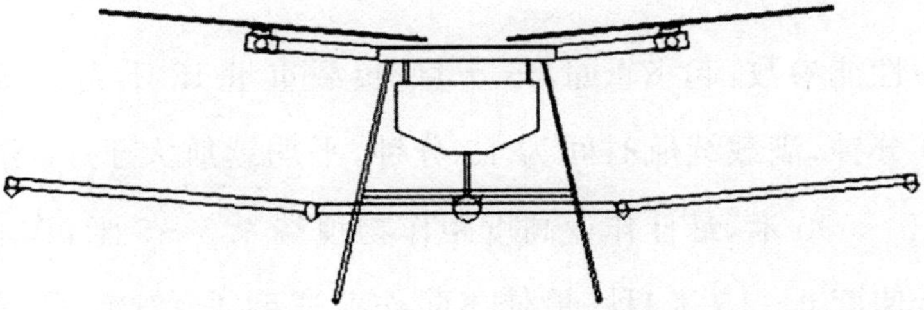

图 4-3　5°向轴心上反角

(3)农用便捷设计:农田植保要面临湿热、扬尘、药雾附着、转场运输等诸多复杂的工作环境,该设备机身采用碳纤维材料和铝合金

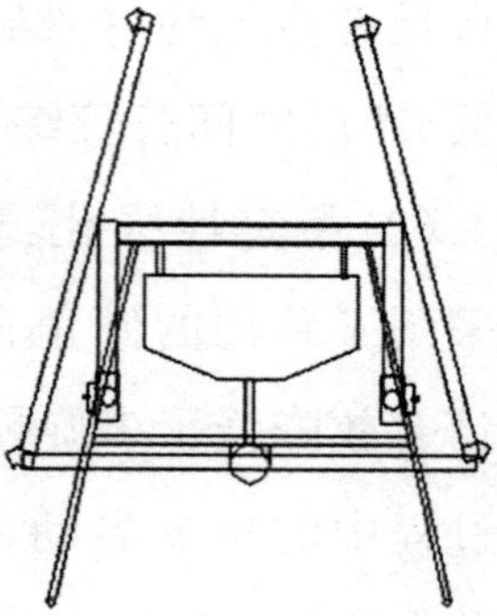

图 4-4 折叠设计

承载架的轻便设计，外廓 2 060 毫米（展开）、600 毫米（折叠），设备舱全封闭，内部设备不受外界干扰，机翼快拆、机臂与喷杆折叠设计，方便农业运输及转场作业（图 4-4）。

（4）喷洒机构组装：2 300 毫米碳纤维管喷杆，均匀分布超微量空心锥喷头 4 个，单喷头喷雾角度 80°，容量 10 升方锥形结构药桶，工作压力 0.5 兆帕高效隔膜泵，药液喷洒流量为 1 升/分钟，受飞行中的下沉气流影响，药液强行压制雾化落到作物正反面（图 4-5）。

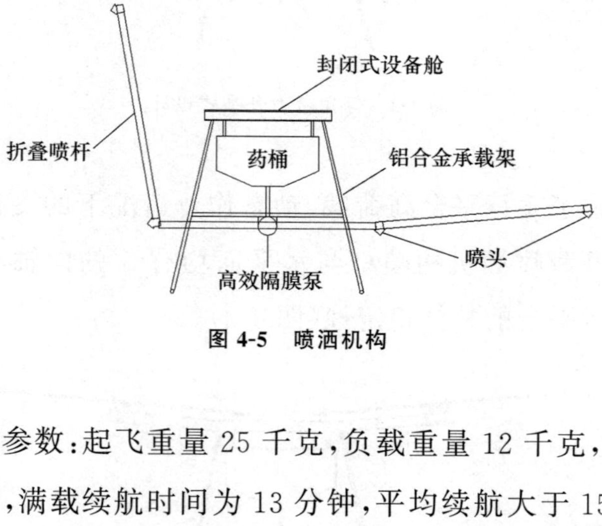

图 4-5 喷洒机构

（5）性能参数：起飞重量 25 千克，负载重量 12 千克，空载续航时间为 20 分钟，满载续航时间为 13 分钟，平均续航大于 15 分钟，飞行高度 0.5～500 米，最佳作业高度距作物顶端 4.5～5 米，作业幅宽 10 米，飞行速度 0～15 米/秒，最佳飞防作业速度 4～7 米/秒，平均作业效率 10 分钟/公顷。

2. 冀北山区使用效果

依托河北省隆化县双滦汇农机专业合作社，在韩家店乡、郭家屯镇、旧屯乡、唐三营镇、汤头沟镇等多个乡镇使用四旋翼植保无人机系统进行农田飞防植保示范作业，经测算，本结构植保无人机采购单价 8 万～10 万元，单机使用年限为 5 年，在保证植保效率、飞行器安全和操纵人员合理疲劳度的前提下，规定日植保作业时间 5 小时，每小时有效飞行时间约 40 分钟，作业面积 4 公顷/小时，每天可保证 20 公顷有效植保面积，而传统人工菜田日植保面积约 0.53 公顷，平均作业面积 0.06 公顷/小时。目前，承德无人机植保操作人员费用约为 200 元/(天・人)，雇用普通劳动力工资约 100 元/(天・人)，由于减少了田间踩踏，避免植株机械损伤，药效期延长，病虫害发生有所减轻，与人工菜田植保相比较，使用无人机后总植保成本可降低 41.57%，节省植保用水 99.12%。

3. 山区无人机飞防植保优势明显

(1)成本费用低：目前采取人工菜田植保工时费用约 187.5 元/公顷，而采用植保无人机，单机每年飞行 20 天(保守计算)，每天作业 20 公顷，5 年设备质保期内总飞防面积达 2 000 公顷，成本费用约 62.6 元/公顷(含飞机折旧、操作员工时费、充电系统消耗等)。同时与其他机型相比较，多旋翼无人机平台最大的优势就是后期保养维护简单、维护成本低，价格较高的电子设备 5 年质保，在外围正常覆盖的情况下几乎无损坏，主要耗材为价格低廉的管、板材料，置换价格仅为几十至几百元。

(2)工作效率高：经测在参照冀北山区植保无人机操作规范开展飞防植保的前提下，采用无人机进行菜田病虫害防治的效率是采用传统人工背负喷雾器防治的 67.5 倍，年节省约 91%的植保用工，并且能够合理、有效地利用最佳病虫害防控时段，提升防控效果。

(3)适用作物广:目前国内少有地区采用无人机进行蔬菜飞防植保作业,承德设计了冀北无人机平台结构,编制了配套的山区植保技术规范,经实测,作物应用种类可涵盖露地大白菜、甘蓝、菜用枸杞等冀北山区主栽蔬菜作物的地上茎、叶部位复杂药剂处理,同时可适用于水稻、玉米等冀北主栽粮食作物飞防植保作业。

(4)环境适应强:承德地处山区,群山环抱,地势险峻,农作物栽培规格多样,与平原地区大规模农业生产相比较,大型固定翼植保机几乎无法完成作业。而采用本地类型的小型植保无人机,对场地没有特殊要求,山地、坡地等复杂地形在可视范围内,只要风力不大于3级的晴、阴、多云等无降雨天气均可完成,且施药后具有较强的耐雨水冲刷效果。

(5)受药面积大:与固定翼无人植保机、无人植保直升机相比较,多旋翼植保无人机使用中在旋翼下沉气流的作用下能有效增强农药雾化效果,有助于增加雾流对作物的穿透性。同时依靠倾角合力升举设计,在最佳飞行速度和飞行高度下,药雾在下沉气流影响下向两侧旋转下落、上翻,使作物根基部和叶背部均匀受药。

(6)农业危害小:我国每年农药中毒人数比较多,而采用农用无人机进行飞防植保,操作人员远离喷药区域,不受田间药剂飘散危害,避免人员农药中毒等伤害事故的发生。同时小型植保无人机多采用电力驱动,无废气排放,符合国家节能减排和生态农业发展要求。

4. 无人机飞防植保具有局限性

(1)受设备条件影响:承德植保无人机生产及维护成本为8万~10万元,与国内主流植保无人机价格相仿,但一次性投入较大,普通农户或农业组织较难接受。植保无人机多电力驱动,载重越大续航时间越短，10 升载重量的单架次菜田植保约 15 分钟，覆盖面积近 1 公顷，仅适合中小规模使用。变换作业地块操作时需要视觉判断，作业最远距离不应超出起飞点 500 米（监视器实时显示无人机与起飞点的距离），有一定的飞行半径。农用无人机设备种类较多，机构差异较大，技术很难规范统一。

（2）受农药剂型影响：由于采用超微量喷洒，对选用的药剂要求比较严格，必须选择正规厂家生产的合格产品，对作物敏感度低、水溶性好、无残渣的高效、低毒、低残留农药或生物农药，不可用于喷洒除草剂。经实际应用发现油剂效果最佳，其他溶解型药剂需要提前准备。在药剂配制过程中尽量选用中性水，提高药效。由于药液浓度较高，不宜在苗期使用，同时药效期和安全间隔期适当延长。

（3）受病害种类影响：冀北地区冬春寒冷、夏秋凉爽，具有独特的气候类型，露地蔬菜及大田农作物病虫害发生相对较轻，采用无人机进行农田植保可达到较好的防治效果。但无人机喷洒药液主要作用范围为浅层地表和作物地上茎、叶部位，对于深层地下害虫及土传病害来说，如单一使用植保无人机防治效果一般。

（4）受操作人员影响：植保无人机是将遥感技术与精准农业有效结合，集成了农业装备科技和园艺植保技术，对操作人员具有较高的要求。与固定翼植保无人机、无人植保直升机相比较，虽然多旋翼植保无人机操作相对简单，但农村务农人员综合素质相对较低，操作无人机植保上手还是有难度的，通过对 5 名农机能手培训 10 次，田间操作仍不稳定。如范围应用无人机植保，则急需加强新型职业农民培训，培育专业组织集中实施。

（5）受自然环境影响：为了保证续航时间，植保无人机设备总重量通常较轻，易受天气影响，当风力大于 4 级则无法较好地完成操作。由于采用超微量喷雾，药液浓度较高，在高温季节喷药受时间限制，需避开午间高温时段，一般选择午前10点以前、午后4点以后作业，避免产生药害。多障碍(如电线杆、树木等)地块无人机植保飞行难度加大，如操作不当易损坏设备。

5. 冀北无人机飞防植保前景

据有关资料显示，日本及美国等发达国家从20世纪90年代就开始了现代化农业航空植保装备的研发，国外单台农业植保无人机的产品报价为80万～100万人民币甚至更高，而采用承德设计的农用植保无人机和国产典型农用无人机价格仅为国外产品报价的10%～20%，在此价格基础上推广无人机植保技术，具有明显的价格优势。近年承德市率先引进以植保无人机为代表的现代化农业装备，并不断加大研发推广力度，组成有关农业装备研发推广团队，具有良好的技术储备。目前承德露地蔬菜生产中应用无人机植保面积不足2%，如全市80%露地蔬菜应用该技术，年可节约1.32亿元植保费用，如覆盖马铃薯、水稻、玉米、中药材等一批区域性特色产业，挖掘更广泛的潜在市场，则可实现大范围的农民增收，农业增效。

(三)蔬菜集约化育苗

蔬菜集约化育苗已成为颇具特色的独立产业，在推进现代蔬菜产业进程中起着举足轻重的作用。近年来，承德通过积极开展蔬菜标准园区和种苗繁育基地建设、蔬菜集约化育苗技术集成推广、蔬菜优良品种筛选示范等工作，有力推动了蔬菜育苗规模化、标准化、商品化和集约化发展。蔬菜集约化育苗技术是发挥现代园艺设施装备功能，以轻基质为栽培载体，综合利用现代园艺技术，以及市场化运作、工厂化订单、生产特色明显的一项先进蔬菜育苗生产技术，如穴盘育苗、营养块育苗等。可有效缩短育苗周期，提高成苗率和秧苗素质，有效抵抗灾害性天气对蔬菜苗期的危害，充分发挥蔬菜良种和土地资源利用潜力。蔬菜集约化育苗可缩短蔬菜的生育期,提高土地利用率,从而增加单位面积产量。缩短蔬菜成熟期,增加其早期产量,提高经济效益。节约蔬菜用种量,提高本田的保苗率,具有节支增收的效果。在人为创造的良好育苗环境下育苗,可防止自然灾害的威胁,隔绝土传病害,提高种苗素质,有利于种苗的健康成长。便于茬口的安排与衔接,有利于周年集约化栽培的实现。可进行异地育苗。高度集中的商品苗生产,有利于蔬菜产业的发展。商品苗的生产可以减轻菜农生产秧苗的负担及技术压力,促进商品菜生产的快速发展。

1.育苗设施选择

河北省冬春季育苗选择高效节能日光温室,并配备热风炉、电热温床等加温装置;夏秋季育苗选择连栋塑料大棚。育苗设施要求结构坚固,覆盖材料密封性好,日光温室墙体无缝隙,所有通风口和管理人员出入口均覆盖22～25目的防虫网。

2.播种前的准备

(1)设施清理和消毒:先对育苗设施进行清理,除去杂草和废弃物,平整地面,架好苗床。进行设施消毒,可选择高温闷棚和药剂熏蒸两种方式。高温闷棚选择夏季高温休作期,密闭棚室,连续暴晒2周,保持棚内60～70 ℃,相对湿度80%以上,消灭设施内残留的病原菌、害虫和虫卵。药剂熏蒸可用75%百菌清烟剂进行,密闭48小时。

(2)相关资材准备及设备调试:集约化育苗所必需的种子、穴盘、基质原料、肥料等按育苗量计算并准备;对播种设备、育苗设施环境调控装置、灌溉施肥装置、嫁接器具等进行调试,确保设备可正常使用。

穴盘准备，多为聚乙烯穴盘，常用规格有50孔、72孔和128孔等，不同蔬菜种类所用穴盘，见表4-13。对于新购置的穴盘，可用水冲洗几遍后直接使用；重复利用的穴盘要进行消毒。用高锰酸钾1 000倍液浸泡穴盘15～20分钟，然后用清水冲洗干净即可使用。

表4-13　不同蔬菜种类适宜的穴盘规格

蔬菜种类	育苗盘规格(孔)
番茄、茄子	72
黄瓜、西瓜等	50
辣椒、甜椒等	105
花椰菜等甘蓝类	128
芹菜	200

基质准备，自配基质通常宜选用优质的草炭、珍珠岩和蛭石，按6∶3∶1的比例混合，在每立方米基质中加入优质复合肥1～2千克，同时，加入60%多福(苗菌敌)可湿性粉剂100克进行消毒。基质搅拌时加入适量水，确保基质含水量在50%～60%，以手握成团、落地即散为宜。将配好的基质用薄膜密封，48小时后即可使用。

(3)种子消毒与催芽：

①消毒。对于已经包衣或丸粒化的种子，可不再进行种子消毒处理，但对于未经消毒处理的种子必须采取适当的消毒措施，以防止种传病害的发生和传播。可采用“热水-药剂”复合消毒技术，热水消毒可根据表4-14所示时间和温度进行。然后再进行药剂消毒，将种子置于25～30 ℃的温水中预浸4～5小时，再放入春雷霉素800倍药液中浸种15分钟，以防治病毒病、猝倒病、立枯病、疫病、炭疽病等。浸种后将种子及时冲洗干净，放入25～30 ℃的温水中浸泡6～8小时备用。

表 4-14　蔬菜种子热水高温消毒温度和时间

蔬菜种类	温度/℃	时间/分钟
番茄、茄子、芹菜、甘蓝	50	25
黄瓜、大白菜、花椰菜	50	20
辣椒、甜椒	51.5	30
青花菜	50	20～25
生菜	48	30

②催芽。以辣椒为例，将浸种后的种子用纱布包好，放在 30～35 ℃条件下催芽，经 3～4 天，种子即可露白齐芽。催芽期间要每天用 30 ℃左右的温水淘洗，以提供充足的氧气，促进种子整齐、迅速地发芽。

3. 播种

(1)装盘：配制好的基质中加水，将相对湿度调至 40%左右，并堆放 2～3 小时，保证基质湿度均一。将配好的基质装入穴盘中，装盘时应注意不要用力压基质，用刮板从穴盘的一端刮向另一端，使每个孔穴都填满基质，尤其是穴盘四角和盘边的孔穴也要填满。注意基质不要装得过满，装好后各个格室应清晰可见。

(2)压穴：好的穴盘要进行压穴，以利于将种子播入其中，可用专门制作的压穴器压穴，也可将装好基质的穴盘垂直码放在一起，4～5 个穴盘 1 摞，上面放 1 只空穴盘，两手平放在穴盘上均匀下压至达到要求穴深为止。

(3)播种：种子点播在压好穴的穴盘中，每穴播 1 粒，根据种子大小不同，播种深度为 0.5～1.5 厘米。

(4)覆盖：播种后用蛭石覆盖穴盘，方法是将蛭石倒在穴盘上，用刮板从穴盘的一端刮向另一端，去掉多余的蛭石。蛭石不要覆盖过厚，以与格室相平为宜。

(5)浇水:覆盖后的穴盘要及时浇水,且一定要浇透,以穴盘底部渗水口滴水为宜。

4.播后管理

(1)环境调控:播种后苗床适宜温度为25～28 ℃,基质含水量占田间持水量的70%～80%,拱棚内空气湿度在70%左右。播种至出苗一般需要7～10天,12天齐苗。遇连续阴、雪、低温天气,及时打开地热电线增温,掌控拱棚内在适宜温度范围内。当有60%以上种子顶土出苗时,揭去床面上的薄膜。为了避免幼苗徒长,子叶微展开始降低拱棚温度,白天在20 ℃左右,夜间在12～15 ℃。降低基质含水量,控制水分占田间持水量的60%左右。

苗期控制温度和水分是管理的关键。白天温度控制在20～23 ℃间,夜间15～18 ℃;阴、雪、低温天气要利用地热电线和太阳灯增温补光;在温度适宜的情况下,控制水分半干旱状态,晴天育苗床过于干燥也要少浇水,阴天温度低时不浇水。为了培育壮苗,距离定植前30天增加营养液的供应,每隔10天喷浇营养液1次。

(2)病虫害防治:采取农业防治、物理防治、化学防治相结合的方式,对苗期病虫害实行综合防治。

农业防治措施。选择抗病、耐逆的优良品种;加强苗期环境管理,因时(幼苗发育阶段)灌溉施肥,培育壮苗,提高幼苗自身的抗病耐逆性;清洁育苗设施内部和周边环境,拔除杂草,减少病虫传播源;成苗后及时定植,防止幼苗在穴盘中老化,并加强幼苗运输过程中的环境控制,避免在长途运输中幼苗弱化、染病。

物理防治措施。高温消毒;规范使用防虫网;悬挂黄板、蓝板防治蚜虫、粉虱、斑潜蝇等害虫;在育苗设施内部悬挂反光幕,以增加光照,驱避害虫;在育苗设施外部设置诱杀灯等。

化学防治措施。苗期病害主要有猝倒病、黑根病、立枯病等。可选用广谱保护性杀菌剂定期喷洒，如 25%甲霜灵可湿性粉剂 500 倍液、50%速克灵（腐霉利）可湿性粉剂 1 500 倍液、75%百菌清可湿性粉剂或 50%氢氧化铜可湿性粉剂等交换施用。可连续喷洒多菌灵 600 倍液或 70%代森锰锌 500 倍液、25%瑞毒霉 800 倍液 2～3 次。

苗期虫害主要有蚜虫、潜叶蝇、白粉虱等。在育苗管理中要勤观察，发现虫害要及时捕捉或用药物控制。蚜虫防治，可用 50%抗蚜威可湿性粉剂 3 000 倍液，或 50%辟蚜雾可湿性粉剂 2 000～3 000 倍液喷雾；潜叶蝇、白粉虱防治，可用阿维菌素 1 500 倍液，或 2.5%氯氰菊酯 2 000 倍液，或 20%速灭杀丁喷雾杀虫。

（四）CO_2 缓释富氧秸秆发酵技术

CO_2 缓释富氧秸秆发酵技术操作方法分为内置式和外置式。外置式是将秸秆集中堆放反应，收集反应产生的二氧化碳气体、浸出液和反应堆的陈渣，供给作物生长需要，促进作物增产，适宜时间为晚春、夏季和早秋设施蔬菜生产。内置式是将秸秆开沟埋入地下，通过缓慢发酵分解，改善土壤理化性质并提高地温。适宜时间为晚秋、冬季、早春。内置式因其具有显著的地温效应、有机改良土壤效应和生防效应，投资小、增产作用大等特点，较外置式有优势。

【内置式操作】

1. 制作时间

在秋季或初冬，可现建现用；在晚冬或早春季节，可提前 20～25 天建好，在发酵反应过程中，可以提高地温，利于蔬菜幼苗定植、缓苗和生长。秸秆要求至少在半干状态，禁止使用未经晾晒的鲜秸秆。

2. 备料

每亩需玉米秸秆 5 000 千克，菌种 10 千克，麦麸 100 千克。

3. 菌种激活

麦麸100千克与菌种10千克在水泥地面或塑料布上混合、干拌掺混均匀，而后喷不含消毒剂的清洁水，充分搅拌，使混合物手握成团且手指缝间有水而不下滴，说明恰到好处。

4. 操作方法

(1)开沟：顺种植行挖沟，沟宽60～80厘米，沟深30～40厘米，开沟长度与行长相等，开挖土壤按等量分放沟两边。

(2)铺秸秆：在沟内铺放秸秆。一般底部铺放整秸秆，上部放碎软秸秆，厚度35～45厘米。铺完踏实后，沟两头露出10厘米秸秆茬，以便进氧气。

(3)撒菌种：分2～3层撒放菌种，每沟用处理后的菌种6千克，使菌种与秸秆均匀接触。

(4)覆土：将沟两边的土回填于秸秆上，覆土厚度20～25厘米，形成种植垄。

(5)浇水：浇水以湿透秸秆为宜，隔3～4天后，将垄面找平，秸秆上土层厚度保持20厘米左右。

(6)覆膜与定植：一般不浇大水，只浇小水，一棵一碗水。定植后高温期3天、低温期5～6天浇一次透水。待能进地时抓紧打一遍孔，以后打孔要与前次错位，生长期内每月打孔1～2次。

(7)打孔：栽苗后在垄上用14＃钢筋打孔，孔距20厘米，孔深以穿透秸秆层为准，以利于进氧气发酵，促进秸秆转化。

5. 关键技术

在技术应用过程中，有时因为某些环节的被忽视而导致技术应用的不成功，为充分发挥该技术的应用作用，最大限度地实现增产增收，因此生产操作中应注意以下几个关键技术。

(1)菌种激活:充分混匀后的菌种混合物可堆成馒头形,在 25～30 ℃的环境下放置 12～24 小时将菌种激活,上覆麻袋片,保温保湿,防阳光直射(紫外线杀菌)。处理好的菌种混合物要当天用完,如当天用不完,可在地上摊开晾一下,防止发酵过度。

(2)施肥:3 年以上的棚区,用量以常规数量为准,用法集中施在内置反应堆的秸秆上,严禁施用鸡粪、猪粪、鸭粪和人粪尿等非草食动物粪便,防止线虫和病害的传播。

(3)密度:应用反应堆后,作物生长较常规枝叶茂盛,一般每亩定植 2 800～3 000 株为宜。暖冬时可适当稀植,冷冬可适当密植,灵活掌握。

(4)用药:不能用化学药剂进行土壤处理,在定植时也不可随定植水往根部灌杀虫、杀菌药物。

(5)除了以上几点,在应用过程中还应注意,秸秆用量要足;菌种用量要足;第一次浇水要足;内置沟两端秸秆要露出茬头;开沟不宜过深;覆土不宜过厚(15～25 厘米);第一次打孔不宜过晚(定植后 3～10 天)。

【外置式操作】

1. 备料

每亩需玉米秸秆 5 000 千克,菌种 10 千克,麦麸 100 千克。

2. 菌种激活

根据自己的条件,将菌种和辅料按 1∶(15～30)的比例搅拌均匀后加水,湿度以手握住即将滴水为准。将搅拌好的混合物避光透气发酵 24～48 小时(平摊厚度 10～15 厘米,温度如超过 15 ℃要及时翻晾),冬春季要堆积 4～5 小时后再重复上述动作。制成新的混合物,以备铺撒使用。

该步骤最好与秸秆的铺设同时完成。

3.种植面的准备

根据作物的种类或个人的种植习惯挖垄沟，顺种植行挖宽 40～60 厘米，深 20～25 厘米，与种植行等长。

4.操作方法

(1)在种植床外，温室大棚一端，挖长 5 米，南侧深 40 厘米，北侧深 60～100 厘米，池口宽 80～120 厘米，池底宽 60 厘米的船形池，然后在挖好的发酵池里面，将 500 厘米×700 厘米的塑料布铺好(不可漏水)。

(2)在发酵池的中间位置，用砖或可替代物垒送风机的机座，机座为圆桶形，直径 35～40 厘米，机座倾斜角度为 45°，安装好风机后，座底与风面连接的部位以不透风为准(用黄泥等密封即可)。

(3)在发酵池的上方摆设木棍，如铺放物细碎，应加防漏网，秸秆分 5 层铺放，同时将 60%发酵好的混合物按一定比例撒在每层上面。

(4)发酵堆的码放：第一层铺 40 厘米厚，撒 15%混合物。第二层铺 30 厘米厚，撒 20%混合物。第三层铺 30 厘米厚，撒 20%混合物。第四层铺 30 厘米厚，撒 25%混合物。第五层铺 30 厘米厚，撒 20%混合物。

(5)发酵堆浇水：上述工作完成后，在定植作物前 2～4 天为最佳浇水时间，要求浇匀浇透。在发酵池的北侧留 1 个取水口，另一次在间隔 24 小时后，将渗下去的水回浇到发酵堆上。以后每隔 7～10 天浇水一次，每次浇匀浇透。

(6)用 700 厘米×800 厘米有一定透气性(打孔)的旧塑料布，覆盖在发酵堆上，目的是保持湿度，在盖塑料布前，可在第五层上面撒一些碎秸秆，厚度为 10～20 厘米。

(7)将送风机通电,并将送风气带一端连接到送风机上,沿蔬菜温室大棚的东西走向,悬挂在大棚的中间;送风带的底部打上细小的散气孔,孔的密度离风机越远越密。当大棚内有阳光时,开机送气,这样含有 CO_2 和其他营养成分的气体,就送到大棚的植物叶面上了。

5.使用与管理

可以概括为“三补”和“三用”。

(1)补气:秸秆生物反应堆中的功能菌种多数是好气菌群,向反应堆中补充氧气是十分必要的。措施是:储气(液)池两端留气孔,反应堆上用木棍扎孔,反应堆盖膜不可过严,四周要留出 10 厘米高,以利于通气。

(2)补水:建堆后,前 10 天内可用储气(液)池中的水循环向反应堆淋水 2～3 次,以后可用井水补充,7～8 天向反应堆补 1 次水。

(3)补料:外置反应堆一般使用 50～60 天,秸秆消耗在 60%,此时应及时补充秸秆和菌种,补秸秆 1 500 千克,菌种 3 千克,浇水湿透后,用直径 10 厘米尖头木棍打孔通气,然后盖膜。

(4)用气:在气体交换底座上安装 150 瓦的气体交换机,交换机上接气体输送袋。通过气体交换机将储气(液)池中的二氧化碳气体均匀地输送到整个温室内。一般每天 5～6 小时即可,掌握晴天开机,阴天不开。秸秆充足开机时间长些,秸秆不足开机时间短些。

(5)用液:一是喷雾,二是冲施灌根。喷雾需提前将浸出液取出,盛在容器内,存放 2 天,然后再使用,防止烧伤叶片,按 1 份浸出液兑 2～3 份的水,喷施叶片和植株,7～10 天 1 次,起防病和叶面施肥作用。冲施可以结合浇水进行。

(6)用渣:将每次外置反应堆清理出的陈渣,收集起来,作追肥或底肥使用。

(五)蔬菜良种繁育的辅助手段

1. 蜜蜂辅助授粉

蜜蜂授粉一直被认为是大田农作物和园艺作物的最佳授粉方式。蜜蜂不完全以花为食,包括花粉及花蜜,后者有时调制储存成蜂蜜。毫无疑问的是,蜜蜂在采花粉时如同对花授粉,当蜜蜂在花间采花粉时,会掉落一些花粉到花上。这些掉落的花粉关系重大,因它常造成植物的异花传粉。蜜蜂身为传粉者的实际价值比其制造蜂蜜和蜂蜡的价值更高。

蜜蜂是授粉昆虫的一种,在传授花粉的过程中扮演着至关重要的角色。世界上76%的粮食作物和84%的植物依靠它们传授花粉。蜜蜂数量的减少,意味着粮食作物、水果、坚果和鲜花的产量将随之下降。据2008年一位科学家研究,所有的授粉昆虫对食用作物产生的价值(不包括牲畜饲料)每年约为1 530亿欧元。野生授粉昆虫的持续减少和培养的困难使得谷物的生长越来越依赖于蜜蜂的授粉。英国在1950—1980年和1980—2005年的数据都显示:在蜜蜂减少的同时,很多植物也相应存在平行的减少趋势,也就是说,蜜蜂的减少和植物的减少是正相关的。尽管这些事情发生的原因和结果尚没有确切的结论,但是我们可以很清楚地看到,蜜蜂和相关植物的灭绝存在某种因果联系。

2. 熊蜂辅助授粉

成功坐果对农作物生产至关重要,授粉是坐果的关键步骤。20世纪80年代末期以来,熊蜂已被广泛应用于世界保护地与露天栽培作物的授粉。熊蜂为温室蔬菜及果树授粉,不但可以大大地提高产量,更为重要的是,可以改善果菜品质,降低畸形果菜的比率,解决应用化学授粉所带来的激素污染等问题,因此,熊蜂成为温室蔬菜授粉的理想昆虫，利用熊蜂授粉也成为世界公认的绿色食品生产的一项重要措施。熊蜂授粉的特点：

(1)熊蜂是温室、塑料大棚、拱棚及露天作物的高效授粉蜂种。

(2)熊蜂对低温与低光照环境不敏感，8 ℃以上便可出巢访花，适应性强。

(3)熊蜂在作物上停留时间更长，单位时间内访花更多。

(4)熊蜂在恶劣天气条件下仍进行授粉工作。

(5)熊蜂以振动方式进行授粉。

熊蜂授粉的优点：

(1)提高坐果率。

(2)果实周正，不偏心，提高果实的一级品率。

(3)提高果实产量和品质，设施栽培番茄增产 25%以上，甜椒单果重提高 30%，草莓单果重提高 20%，蓝莓单果重提高 20%。

(4)减少灰霉病的发生。

(5)果实富含种子，维生素含量提高，口味提升。

(六)单倍体育种技术

承德对于现代育种技术，目前主要为常规育种方法，常规育种方法无论是育种时间还是育种结果都存在不确定性，而且通过常规的育种手段来提升承德蔬菜育种技术需要很长的时间，只有通过现代生物技术手段才能尽快缩短差距，促进山区育种水平的发展。游离小孢子培养技术具有纯化快速，一次性为育种提供大量可供选择的材料等优点，是跨越式提高育种水平的一项非常实用的技术。

游离小孢子培养技术是在花药培养技术的基础上发展起来的。游离小孢子培养技术是指在合成培养基上，改变花粉的发育途径，使其不形成配子，而是像体细胞一样进行分裂、分化、最终发育成完整植株。它比花药培养产生的单倍体频率高，而且不受花药壁、花药隔等母体组织的影响，在作物遗传育种上具有重要的作用。通过这项技术一方面可以迅速获得纯合具有抗病、抗虫、抗旱等特性的创新育种材料，缩短育种年限，提高育种效率；另一方面可以获得双单倍体(DH)群体，用于遗传分析、遗传图谱的构建和分子标记等基础和应用基础研究。因此，小孢子培养有着花药培养不可替代的优点。

在20世纪80年代后，游离小孢子培养技术在十字花科上取得突破并得到了迅速的发展。德国的Lichter R在甘蓝型油菜小孢子培养中获得了胚状体。日本学者Sato等首次对大白菜进行了游离小孢子培养，并获得了成功。Lichter和Takahata等在结球甘蓝、花椰菜中成功地进行了小孢子培养，为其他十字花科作物小孢子培养奠定了坚实的基础。张德双等也获得了青花菜小孢子再生植株。严准等首次报道了球茎甘蓝(苤蓝)游离小孢子培养成功。20世纪末，武汉市蔬菜研究所梅时勇等对萝卜进行了花药培养研究，并成功地诱导出胚状体，获得再生植株，该技术不仅申请了国家发明专利，而且在育种中得到了较好的应用。

自2016—2020年以来，承德蔬菜技术人员开展了春季萝卜游离小孢子培养技术研究。技术人员经过对萝卜花蕾不同大小的切片观察，得出2.2～3毫米的花蕾处于小孢子时期，并通过多年多次的试验与系统总结，逐渐形成了适合承德地区春季萝卜游离小孢子培养技术的操作体系。

1.术语和定义

(1)游离小孢子：不形成配子的游离状的单核细胞。

(2)游离小孢子培养：在合成培养基上，改变花粉的发育途径，使其不形成配子，而是像体细胞一样进行分裂、分化，最终发育成完整植株。

2.培养条件

(1)实验室:环境整洁,干净卫生,有温度调节设备,室内温度控制在 20～27 ℃。

(2)试剂和材料:培养用水符合 GB/T 6682 中规定的三级水,除另有说明外,在培养过程中所用的试剂均为分析纯:

B5 培养基基盐干粉(含维生素);NLN 培养基基盐干粉(不含维生素);肌醇,纯度≥90.0%;蔗糖,AR;琼脂;还原型谷胱甘肽,纯度≥99%;*L*-谷氨酰胺,纯度≥99%;*L*-丝氨酸,纯度≥99%;MES,纯度>99%;乙醇,75%;次氯酸钠,5%;硝酸钙溶液,25%;秋水仙碱溶液,0.3%;蒸馏水;瓶装无菌水;活性炭:1 克/100 毫升;100×维生素溶液:甘氨酸 0.1 克、烟酸 0.25 克、维生素 B_6 0.025 克、维生素 B_1 0.025 克、叶酸 0.025 克、D-生物素 0.002 5 克,加蒸馏水定容到 500 毫升;NAA:萘乙酸。

(3)仪器设备与器具:

①超净工作台;立式压力蒸汽灭菌器:压力 0.25 MPa,温度 139 ℃;生化培养箱;酸碱度测试仪;电子天平:最大称量:Max=220 克,实际分度值:$d=0.0001$ 克;离心机:1 000 转/分钟或以上;隔膜真空泵:真空度 200 毫巴;loger-pump 蠕动泵:转速 1～300 转/分钟;流式细胞仪。

②烧杯:50 毫升;三角瓶:100 毫升;大烧杯:1 升;研钵:6 厘米;试管:10 毫升;古式漏斗:3.5 厘米×12 厘米;酒精灯:400 毫升;一次性培养皿:60 毫米;石蜡封口膜:4 厘米×125 厘米;眼科镊子:10 厘米;手术刀;3 号;长柄镊子:15 厘米。

3.操作流程

培养基配置→超净工作台操作→环境培养→小孢子植株移栽→

留种。

4. 操作方法

(1)培养基配置：

①B5 液体培养基。称取 B5 培养基基盐干粉(含维生素)3.163 98 克，加入 0.1 克肌醇和 130 克蔗糖，加蒸馏水定容到 1 升，将培养基 pH 调至 5.8，分装于 100 毫升三角瓶中，使用蒸汽灭菌器 120 ℃湿热灭菌 20 分钟，灭菌后取出 4 ℃保存。

② B5 固体培养基。称取 B5 培养基基盐干粉(含维生素)3.163 98 克，加入肌醇 0.1 克、蔗糖 30 克和琼脂 7.5 克，加蒸馏水定容到 1 升，将培养基 pH 调至 5.8，分装于 100 毫升三角瓶中，每瓶 40 毫升，使用蒸汽灭菌器 120 ℃湿热灭菌 20 分钟，灭菌后取出，待冷却凝固后 4 ℃保存。

③改良 1/2 NLN 培养基。称取 NLN 培养基基盐干粉(不含维生素)0.387 克，加入 25%硝酸钙溶液 2 毫升、100×维生素液 10 毫升、肌醇 0.1 克、还原型谷胱甘肽 0.03 克、*L*-谷氨酰胺 0.8 克、*L*-丝氨酸 0.1 克、蔗糖 130 克和 MES 0.639 6 克，使用大烧杯加蒸馏水定容到 1 升，将培养基 pH 调到 5.8，使用隔膜真空泵，将培养基经 0.2 微米水系微孔过滤膜反复过滤 3 次，之后在超净工作台中，使用 longer-pump 蠕动泵，将过滤后的培养基再经 0.22 微米过滤器过滤到已经灭菌的三角瓶中，锡箔纸封口，4 ℃保存。

(2)超净工作台操作：

①设备消毒。将 50 毫升烧杯、研钵、10 毫升试管、古式漏斗用锡箔纸包扎好，蒸汽灭菌器 120 ℃灭菌 20 分钟。将超净工作台内用 75%乙醇全面擦拭一遍。将离心机、酒精灯、50 毫升烧杯、10 毫升试管、研钵、古式漏斗、75%乙醇、5%次氯酸钠、瓶装无菌水、B5 液体培养基、改良 1/2 NLN 培养基、60 毫米一次性培养皿、石蜡封口膜等必

需品放入超净工作台，紫外线灭菌30分钟。

②准备花蕾。待萝卜抽薹后，选取花序上第一朵花开放后的主枝、一级分枝、二级分枝和三级分枝上的萝卜花蕾，经4 ℃低温处理1～3天，备用。制备时，选取长度2.5～3毫米的完整花蕾，去除残次的和长度不符的花蕾。将选取的花蕾放入烧杯中，清水冲洗30分钟，倒出水将花蕾放入超净工作台备用。

③花蕾消毒。先将冲洗干净的花蕾用75%乙醇表面消毒30秒，其间摇动烧杯，烧杯间不要碰撞。然后使用5%次氯酸钠深度消毒15分钟，其间多次摇动烧杯，烧杯间不要碰撞，每次摇动结束后，要用75%乙醇擦拭台面。最后，使用无菌水清洗5分钟，其间摇动烧杯，充分清洗，此步骤重复操作3次，烧杯间不要碰撞，完成清洗后用75%乙醇擦拭台面。

④研磨花蕾。将消毒过的花蕾放于研钵中，倒入B5液体培养基，液面高出花蕾即可，轻敲研钵，使所有花蕾破裂，花粉释放出即可，加入B5液体培养基定容到10毫升。

⑤花蕾液过滤。将研磨好的10毫升花蕾液倒入古式漏斗，经400目纱网过滤后，移至10毫升离心管，使用离心机1 000转/分钟离心3分钟，倒掉上清液，倒入1毫升B5液体培养基，将沉淀摇起，定容到10毫升，经3次反复操作后，倒掉上清液，得到纯净的花粉母细胞液。

⑥分装。在纯净的花粉母细胞液中加入1毫升改良1/2 NLN培养基，将沉淀摇起垂悬，定容到10毫升，分装到10个60毫米的培养皿中，每皿加入5毫升改良1/2 NLN培养基稀释，并添加1克/100毫升的活性炭1毫升，最后用石蜡封口膜封口，培养皿表面做好标记。

⑦超净工作台注意事项。超净工作台使用过程中，要求双手不能离开台内，操作中双手要低于物品、水平活动，每一步操作结束后

都要用75%乙醇擦拭台面消毒。

(3)环境培养:

①现胚培养。将分装好的培养皿放入生化培养箱中,33 ℃避光热激24 h,后调至25 ℃避光培养2～3周,即可现胚。

②再生培养。在超净工作台环境下,用眼科镊子将子叶型胚接种至B5固体培养基上。接种后在25 ℃自然光下培养,3周后子叶型胚发育成幼苗。

③复壮培养。在超净工作台环境下,取出幼苗,手术刀去除叶片和根区,长柄镊子将剩余组织接种到新的B5固体培养基中,在25 ℃自然光下进行培养,之后继代培养3～5代,待苗茎粗达到0.1～0.2厘米,萌发出2叶1心,具有一定的抗性,且生根后,进行炼苗。如根系生长不完善,可在培养基中加入适量NAA(萘乙酸),促进根系长成。

(4)小孢子植株移栽:打开瓶口锻炼5～7天,之后将苗取出,洗净根部琼脂,移植于营养杯中,精心管理,在4～5 ℃低温环境下10～20天通过春化,3周后统计成活率,当苗长到4叶1心时达到成苗标准,即可移栽定植。

(5)留种:定植后,用流式细胞仪或花粉母细胞染色体计数法检测植株倍性,单倍体植株用秋水仙碱溶液刺激侧芽或根部进行加倍,加倍成功后和双单倍体及多倍体分别进行自交授粉留种。

(6)档案管理:根据小孢子出胚情况、成苗情况以及授粉情况进行统计留档。档案科目包括编号、品种名、类型、出胚总皿数、出胚总数、每皿出胚数、畸形胚数、处理方法、培养日期、出胚时间、成苗数、留种克数。

四、功能蔬菜产业发展与标准化

功能农业是由中国科学院赵其国院士在全球率先提出的农业科

技新概念，它是继高产农业、绿色农业之后的第三个发展阶段，目的是解决人们必需矿物质缺乏的“隐性饥饿”问题。作为一项新兴的农产品增值技术，功能农业以差异化和营养化实现了对农产品内涵品质的提升，满足了消费者的健康需求，具有“农民增收、农业增效、人民增寿”的“三增效应”。“十三五”时期是承德重大战略机遇的叠加期，特别是习近平总书记亲自谋划和推动京津冀协同发展，提出承德地区作为“京津冀水源涵养功能区、同步考虑解决京津周边贫困问题”。京津冀协同发展重大战略，将承德列入西北部生态支撑区和京津发展轴重要节点城市，为承德在更宽领域参与生产力布局调整，在更高层面对接国际国内市场提供了广阔空间。近年来，中共承德市委、承德市人民政府着眼于增加农产品的健康内涵，高度重视功能农业发展，2016 年承德市人民政府与江苏省硒生物工程技术研究中心及硒谷科技三方在江苏省苏州市共同签署了《承德功能农业扶贫综合示范区战略合作框架协议》，正式启动了国内首个“功能农业扶贫综合示范区”建设工程。承德市在功能农业组织机制、产业示范、试验研究、平台共建、标准制定等方面取得了一定成果。发布了《关于加快承德市功能农业扶贫综合开发区建设的若干意见》《承德市功能农业扶贫综合示范区建设推进方案》和《承德市功能农业产业发展规划(2019—2025 年)》；启动了功能农业“单品冠军”培育项目，包括马铃薯、胡萝卜、小米等，试验成功 10 余品种，累计示范 10 余万亩；承德市农业农村局与我国功能农业领军科技企业苏州硒谷科技有限公司，共同制定了国内首个富硒农产品行业标准(标准号：GH/T 1135—2017)、河北省富硒农产品地方标准(标准号：DB 13/T 2702—2018)，承德市自主制定了《富硒胡萝卜栽培技术规程》和《富硒马铃薯》两个河北省地方标准，功能农业产业在承德已初具影响力。

(一)中华人民共和国供销合作行业标准《富硒农产品》

该标准自2017年9月1日实施,标准号为GH/T 1135—2017,在标准中规范了富硒农产品硒含量范围指标,如表4-15所示。

表4-15 富硒农产品硒含量范围指标

项目	指标	
	总硒含量(毫克/千克)	硒代氨基酸含量占总硒含量的百分比/%
谷物类	0.10～0.50	>65
豆类	0.10～1.00	>65
薯类(以干重计)	0.10～1.00	>65
蔬菜类	0.10～1.00	>65
食用菌类	0.10～5.00	>65
肉类	0.15～0.50	>70
蛋类	0.15～0.50	>70
茶叶	0.25～4.00	>60

注:生物体中含硒的蛋白质为硒的主要存在形式,结合进入蛋白质可以有两种途径:一种是蛋白质合成时硒随机取代了硫形成的硒代蛋氨酸,另一种是通过密码子UGA翻译形成硒代半胱氨酸。由这两种方式形成的含硒氨基酸及其衍生物称为硒代氨基酸。其含量是硒代蛋氨酸、硒代胱氨酸和硒甲基硒代半胱氨酸含量之和。

(二)河北省地方标准《富硒农产品硒含量要求》

该标准于2018年5月9日实施,标准号为DB 13/T 2702—2018,规定河北省富硒农产品硒含量指标见表4-16。

表4-16 河北省富硒农产品硒含量指标

项目	指标(毫克/千克)
谷物类	0.10～0.80
豆类	0.10～0.80
蔬菜(以鲜重计)	0.02～0.10
水果	0.01～0.10
薯类(以鲜重计)	0.02～0.50

(三)河北省地方标准《富硒胡萝卜栽培技术规程》

2018 年,由承德市质量技术监督局提出,由承德市蔬菜技术推广站起草完成了河北省地方标准《富硒胡萝卜栽培技术规程》(DB13/T 2695—2018),并规定通过生长过程自然富集硒或通过硒生物营养强化技术,而非在收获后或加工中添加硒,所获得的富含微量元素硒的胡萝卜方可称为富硒胡萝卜。

1. 土壤硒级别

确定土壤硒级别是进行富硒胡萝卜栽培的基础。1996 年,中国科学院地理研究所谭见安研究员在《环境生命元素与克山病——生态化学地理研究》一书中划分了我国硒元素生态景观界限值,即全量硒小于 0.125 毫克/千克的为缺硒土壤,0.125～0.175 毫克/千克的为少硒土壤,0.175～0.450 毫克/千克为足硒土壤,0.450～3.000 毫克/千克为高硒土壤,高于 3.000 毫克/千克为过硒土壤;2000 年时国家地质实验测试中心李家熙研究员在《人体硒缺乏与过剩的地球化学环境特征及其预测》一书中给出了中国主要土壤类型中的硒质量分数范围,即土壤硒含量大于 0.4 毫克/千克为高硒,含量在 0.2～0.4 毫克/千克为中硒,在 0.1～0.2 毫克/千克为低硒,而小于 0.1 毫克/千克为极低硒。2015 年,国土资源部中国地质调查局在《中国耕地化学调查报告(2015 年)》指出“通常将土壤硒含量介于 0.4 毫克/千克到 3.0 毫克/千克间的耕地定义为富硒耕地”。

2. 栽培环境要求

虽然冀北承德存在天然富硒区,如平泉市桲椤树镇,可利用自然界丰富的硒资源进行富硒栽培,但是大部地区还是处于低硒、少硒级别,只能通过人为增施外源硒,利用植物自身能力,提高植物有机硒含量的方式来生产富硒胡萝卜。

由于胡萝卜对硒的吸收受土壤 pH、土壤类型、气候环境等因素的影响,因此栽培富硒胡萝卜要求产地无霜期不少于 100 天,年活动积温不低于 2 100 ℃,年降雨量不少于 440 毫米,土质为沙壤土或轻壤土,土壤 pH 在 6.5～8.0。

3.品种选择

选择适应性强、抗病力强、耐抽薹、耐贮运、(皮、肉、芯)三红、收尾好、商品率高的优良品种。

4.人工补硒

补硒量不足达不到富硒效果,补硒量过高则会对作物产生毒害作用,所以要适度补硒。当土壤硒级别为低硒、少硒的栽培条件时,可将人工补硒措施融入传统栽培技术来进行富硒胡萝卜栽培。人工补硒方法主要有土壤补硒法和叶面喷洒补硒法,土壤补硒法的技术关键要求在施基肥时,延栽培垄补充硒土壤调理剂(硒含量≥1 000 毫克/千克)10～20 千克/亩,深度 10～20 厘米;叶面喷施补硒法要求在胡萝卜长至 7～8 片叶时和在之后的 15～20 天时,分两次使用富硒营养液(纳米硒含量≥0.5%)500 毫升/亩稀释至 30～60 倍喷施,喷施时要求前后一周无阴雨天气,避免冲刷。

5.整地施肥

栽培地块要求近 3 年未种植伞形科蔬菜,整地前需检测土壤中的硒含量,核定土壤硒级别。使用机械旋耕整地深度不小于 25 厘米,之后补水造墒,晒垡提温,播种前再进行一次旋耕除草。基肥要增施有机肥,改善土壤环境,结合整地每亩施入优质农家肥 3～5 吨,添加硫酸钾型三元复合肥 50～60 千克,或磷酸二铵 10～15 千克加硫酸钾 5.0～7.5 千克,同时加入硼砂 1.0～1.5 千克,过磷酸钙 30～50 千克,结合深耕,全面铺施。

6. 适时播种

当日平均气温稳定通过 11 ℃,10 厘米地温稳定通过 8 ℃时即可播种。采用机械化播种,将胡萝卜播种机调试垄宽 65～70 厘米,每垄种 4 行,沟深 8～12 厘米,行距 13～15 厘米,播种点距 10～12 厘米,每点落种 2～3 粒,或使用种距 8～10 厘米的糯米种绳精播,覆土 0.5～1.0 厘米,一次性完成开沟、施肥、播种、镇压、覆膜。

7. 田间管理

(1)温度管理:当幼苗长至 2～3 片叶、即将顶膜或膜下温度连续多日高于 30 ℃时,应及时开孔防风,开孔要在苗的侧方,防止大风闪苗;幼苗生长至 4～5 片叶时,随定苗进行破膜引苗,避免接触地膜烫伤幼苗。

(2)灌溉管理:前期温度低,在浇足苗水的前提下,直到莲座期之前不再浇水;莲座初期肉质根开始膨大时浇一次透水,促进叶片生长和肉质根纵向伸长,如叶片长势过旺,应适度蹲苗,在促进根部伸长的同时抑制侧根生长;到肉质根膨大期,外界气温已经开始升高,应保证充足的水分供给,有利于降低土壤表层温度,此时土壤相对含水量在 60%～80%为宜,但要注意避免忽干忽湿,引起胡萝卜裂根、烂根;采收前一周不再浇水。

(3)病虫害管理:坚持"预防为主,综合防治"的植保方针,加强病虫害预警预测,一旦发现病情及时采取药剂防治。黑腐病、黑斑病在发病初期使用 70%代森锰锌可湿性粉剂 600～800 倍液,或 45%咪鲜胺乳油 1 000～1 200 倍液,或 50%异菌脲可湿性粉剂 1 000～1 500 倍液喷雾防治;软腐病在发病初期使用 46%氢氧化铜水分散剂 25～30 克/亩,或 20%噻菌铜悬浮剂 75～100 克/亩灌根防治。随整地铺膜,使用 4.5%高效氯氰菊酯乳油 20～40 毫升/亩膜下喷雾防治地下害虫;用22%噻虫·高氯氟悬浮剂5 000～10 000倍液,或50%抗蚜威可湿性粉剂1 500～2 000倍液喷雾防治蚜虫。

8. 采收标准

当肉质根充分膨大,硒含量达到河北省地方标准《富硒农产品硒含量要求》(DB 13/T 2702—2018)推荐的0.02～0.10毫克/千克(以鲜重计),即达到富硒胡萝卜商品标准,应适时收获。

(四)河北省地方标准《富硒马铃薯栽培技术规程》

该标准自2022年1月13日起实施,标准编号为DB 13/T 5465—2021。

1. 产地环境

无霜期100～150天,降水量330～880毫米,年活动积温2 000 ℃以上。选择地势平坦、排灌方便,土层深厚、疏松肥沃的地块,以轻质壤土为宜;适宜偏酸性土壤,上茬施用过马铃薯敏感除草剂的地块不宜种植马铃薯。

2. 栽培技术

(1)种薯:

选种。选用生长期短、结薯集中、抗病、丰产脱毒优质马铃薯品种。种薯质量应符合GB 18133要求。

催芽。将种薯放置于有散射光条件下的库房,温度在15～20 ℃,种薯经7天左右即可萌芽,芽长不超过0.3厘米。

种薯切块按照GB/T 31753—2015中4.5.2执行。

药剂拌种按照GB/T 31753—2015中4.5.3执行。

(2)整地施肥:整地施肥按照GB/T 31753—2015中4.7.2执行。施入基肥同时施入含硒投入品(包括含硒肥料、含硒土壤调理剂等),可选用含量为0.1克/千克的富硒有机肥,每亩施用100～200千克。

(3)播种按照 DB 13/T 5465—2021 执行。播期按照 DB13/T 5103—2019 中 5.5.1 执行。种植密度按照 DB13/T 5103—2019 中 5.5.2 执行。播种机械播种,开沟、播种、覆土、覆膜、铺设滴灌带一次性完成。

(4)田间管理:中耕培土按照 DB13/T 5103—2019 中 5.6.1 执行。追肥按照 DB13/T 5103—2019 中 5.3.2 执行,如基肥中未施用含硒投入品,在马铃薯开花期,每亩喷施生物有效硒总量 2～5 克的含硒植物营养剂,分 1～2 次喷施。晴朗无风天气上午 10:00 之前或下午 4:00 以后喷施,两次喷施时间间隔 1～2 周。灌溉按照 GB/T 31753—2015 中 4.7.3 执行。

(5)病虫害防治按照 DB13/T 5103—2019 中 5.7.1 执行。

3. 收获

成熟时及时收获。采收前若植株未自然干枯,可提前 7～15 天杀秧。收获后,块茎避免暴晒、雨淋和霜冻。

4. 品质

马铃薯块茎产品硒含量符合 NY/T 3116 规定,测定方法按照 GB 5009.93 执行。

第五章

承德蔬菜产业现状与未来发展

一、拥有了良好的产业发展基础

承德拥有 5 000 多年的红山文化、300 多年的山庄文化，也是传统农业大市。兴隆出土的战国铁范，滦平出土的元代点葫芦，是农业文明的典型器物，而大豆、胡葱等园艺作物的种植，使承德自公元 3 世纪开始，就成为内地与边疆互市贸易之所，成为南北互通有无、文化相互渗透的地区。中国历代王朝，或在承德生活集聚，或在承德设置地方政权，或在承德建立陪都，各民族交错发展，同时加强了各个民族之间的友好往来。在厚重历史文脉的加持下，现代蔬菜产业也具备了天时、地利、人和的发展条件。

所谓“天时”，是指京津冀协调发展战略为承德大力发展现代农业带来了千载难逢的历史机遇。随着国家“五位一体”“四化同步”、京津冀协调发展等战略的推进实施，承德经济社会发展迎来了高点起步、绿色崛起的历史机遇，特别是习近平总书记关于张承地区要“建设京津冀水源涵养功能区，同步解决贫困问题”的重要指示，为承德走“生态文明与经济社会协调发展”的路径，指明了方向、打开了空间、注入了动力。承德的现代农业也迎来了加速发展的春天。首先，京津冀协同发展要求北京疏解非首都核心功能，农产品生产加工、销售等诸多环节将向河北疏解，有利于承德更多地承接产业和项目转移，这也为承德进一步提升与京津的项目、资金、科技、人才合作的层次，为承德扩展中高端蔬菜消费市场，加快现代蔬菜产业发展提供了更有力的支撑。其次，围绕贯彻落实好中央的决策部署，国家有关部委相继出台了一系列支持张承地区发展的政策意见，把承德大力发展现代农业提上了重要日程。2015 年 4 月 22 日，国家发改委、财政部、农业部、水利部和林业局五部门出台的《关于支持张承地区生态保护和修复的指导意见》进一步鼓励，“张承地区要大力发展林下经济、加快发展绿色优质草食畜牧业、积极发展休闲产业”。特别是 4 月 30 日印发的《京津冀协同发展规划纲要》进一步明确，“承德属于西北部生态涵养区，要重点发挥生态保障、水源涵养、旅游休闲、绿色产品供给等功能”。更重要的是，随着居民收入水平的提高，蔬菜产品消费的升级换代也在悄悄进行着。蔬菜产品的消费结构升级，传统的温饱型蔬菜产品需求将放缓，优质的改善型蔬菜产品需求将快速增加；蔬菜产品的消费品质升级，对安全、优质、生态、多样化蔬菜产品的需求将增加；消费方式升级，网络消费、休闲观光、认领农业等新型的消费方式在蔬菜产品消费中的比重将提高。蔬菜产品消费的升级换代，为承德发展优质、精品、生态、休闲蔬菜产业提供了广阔的空间。这一系列“天时”条件，为承德加强生态环境建设，发展绿色产业，承接京津农产品生产和加工产业转移，扩大优质农产品面向京津中高端市场销售，开展农业科技合作，加快区域农业结构调整，提供了难得的发展机遇，也极大地增强了承德市委、市政府带领全市人民与全国全省同步全面建成小康社会的信心和决心。

所谓“地利”，是指承德独特的生态资源优势为大力发展现代农业提供了得天独厚的物质基础。随着农业发展两个“天花板”和两道“紧箍咒”等约束的越发趋紧，承德作为环渤海、环京津的重要生态功能区，后发优势越发凸显。一是生态环境优良。作为全国首批生态文明先行示范区、全国生态文明建设试点地区，承德已建成国家级自然保护区 9 个、省级自然保护区 10 个，有林地面积 3 360 万亩，占河北省面积的 45.1%，森林覆盖率 56.7%，自然环境优美，气候凉爽宜人，被誉为“紫塞明珠”“华北绿肺”和“天然氧吧”。二是水资源丰富。境内有滦河、潮河、辽河、大凌河四大水系，年均自生水量 37.6 亿立方米，水资源总量居河北首位，是“京津冀水源涵养功能区”、全国“水生态文明建设”试点市，平均每年向密云水库输水 4.7 亿立方米，占水库来水量的 56.7%，向潘家口水库输水 17 亿立方米，占水库来水量的 95%。被誉为“华北水塔”。三是土地资源优质。全市总面积 3.95 万平方千米，占河北省的 21%，是北京周边面积最大的地级市。未利用土地达 1 230 多万亩，发展空间非常广阔。且因地处四河之源，无外来水源污染，加之多年因京津蓄水源、阻沙源需要，控肥、控药、控添加剂、控农业面源污染等防控举措严格有力，全市耕地土质条件保持得非常好。四是气候条件独特。承德处于北方农牧交错带，属温带、半干旱向半湿润过渡的大陆性季风气候，全市海拔在 220～2 118 米，年平均降水量 400～880 毫米，年均气温 7.5 ℃，年大于等于 10 ℃以上积温 1 642.6～3 668.7 ℃，无霜期 73～170 天，物候期比河北中南部地区晚 1～2 个节气，具有四季分明、光照充足、冷暖适中、雨热同季、昼夜温差大等气候特点，也为发展绿色无公害产品赐予了宝贵的无形资产。以菊苣种植为例，从荷兰引进我国之初，先后在全国多个地方进行试种，最后发现，唯有在丰宁坝上地区生长效果最优。五是区位条件优越。承德南临京津、北倚辽蒙，具有一市连五省的区位优势，是连接华北、西北、东北的咽喉要地和交通枢纽，全市总面积 3.95 万平方千米，辖 7 县 1 市 3 区，其中有 1 个国家级高新技术产业开发区、1 个御道口牧场管理区。随着“二环十射”高速公路、“一环九射”铁路网、

“一运六通”航空网等综合立体交通网络逐渐形成，承德已融入北京1小时经济圈，同时具备2小时出海的便捷条件，是打造京津生态绿色优质农产品生产加工物流基地的首选之地，还是建设京津“菜篮子”和京津精品菜分拣供应基地的绝佳地域。

所谓“人和”，是指京承农业合作的良好基础和境内现有龙头企业的发展壮大，为承德加速发展现代农业提供了强大的发展动力。京承两市，地缘相接，人缘相亲，自2003年开始，承德市政府就与北京市农委开启了农业合作，形成了京承农业战略合作机制。先后有华都、三元、顺鑫、汇源等近百家北京涉农企业在承德投资兴业，中国农科院、中国农大、沈阳农大、北京林大、北京农学院等10余所院校与承德建立了稳定的合作关系。与此同时，承德的农业发展取得了一定的成绩，全市市级龙头企业总数达485家，省级龙头企业86家，国家级企业7家。全市“一村一品”专业村镇达到926个，“一村一品”专业村镇累计辐射带动农村贫困人口10万余人。平泉市、承德县、宽城县、兴隆县4县(市)入围越夏食用菌国家优势特色产业集群。平泉香菇、宽城板栗等4个地区认证为中国特色农产品优势区，全市省级特色农产品优势区总数达到15个。在“承德山水”区域公用品牌带动下，全市已有国家级农产品区域公用品牌5个、省级农产品区域公用品牌11个、市级农产品区域公用品牌31个，“中国驰名商标”13件。承德还荣获了“中国马铃薯之乡”“中国食用菌之乡”“中国山楂之乡”“中国板栗之乡”和“中国国光苹果之乡”等众多美誉。同时全市拥有众多功能完善、运营规范的蔬菜产地批发市场，7—9月份承德蔬菜占新发地批发市场蔬菜供应量35%左右，坝上和接坝地区冷凉蔬菜全面供应北京市场，50%冬季日光温室蔬菜供应北京市场。

当然，在经济发展进入新常态背景下，承德蔬菜产业发展也面临着新的挑战。一是成本剧增效益滑坡。劳动力成本大幅度上涨、综合机械化率程度低、农资价格持续攀升等形成的生产成本剧增和效益下滑。二是质量安全隐患难除。长期以来，蔬菜生产以追求产量为目标，质量安全意识不高，自律意识淡薄，标准化生产水平参差不齐。三是生产组织化程度低。承德市蔬菜生产仍以家庭承包经营形式的小生产格局为主，经营规模小、生产分散，市场话语权不足。四是服务体系尚需完善。产业链条不完整，流通环节不顺畅，诸多环节较大范围地依靠山东等外地的社会服务。基层科技服务体系不健全，部分基层技术人员、农业劳动力人员文化素质相对偏低，接受新知识、新技术能力弱。

二、实现了新旧转换的五大跃升

承德是河北省特色产业大市。良好的生态资源，优质的特色产品，标准化、规模化、集约化、全产业链的运营模式，使承德蔬菜成为保障京津、直供深港并搭乘“一带一路”的列车走向世界的重要商品，凸显出蔬菜科技的推广普及，在推进农业农村体制机制改革、引领产业发展、带动农民脱贫致富中发挥出巨大支撑和助推作用。蔬菜科技的推广普及，极大地推动了农业农村基本经营制度的深刻变革，极大地推动了农业农村产业结构的深刻变革。不可逆转地颠覆了传统生产模式，不可逆转地开启了增收致富的历史进程。多年来，从事蔬菜研究的广大科技人员，勇挑改革重担，牢记使命担当，坚持以推广普及现代蔬菜生产技术为己任，努力把科技元素注入蔬菜产业的生产实践中。自 1988 年农业部提出“菜篮子工程”以来，1990 年承德率先开启农业科技“26 推”，使包括蔬菜产业在内的农业产出效率出现了快速上升，使承德蔬菜成为第一产业中的主导产业，让许多贫困农民跨过了没钱花“这道坎”。至 2017 年，承德落实河北省农业厅提出的蔬菜绿色发展十大技术，再次提高了承德蔬菜绿色发展水平，促进山区蔬菜产业转型升级；山区世代贫困的乡亲开阔了眼界、更新了观念、增加了收入、改善了生活。农民群众的幸福感、获得感明显提升，党在农村的执政基础更加稳固。承德蔬菜产业呈现出健康发展的崭新业态，凸显出改写历史的五大跃升。

1. 实现了科研主体由封闭型、弱质化，快速向现代科技前沿跃升

持续深化战略协作关系，构建起纵横捭阖、互联互通互助的科研网络。近年来，承德市农业农村局与国家蔬菜工程技术研究中心、中国农业大学、沈阳农业大学、河北农业大学、瑞士先正达公司、德国拜耳公司、北京联华维信公司、北京紫蜂互联科技有限公司、河北绿谷信息科技有限公司等高校、科研机构和涉农企业进行广泛的交流与合作，一系列富有成果的战略协作关系的确立，对于加速推进京津冀战略协同发展，实现互联互通、产业强筋壮骨、一体化推进，为蔬菜产业的绿色发展奠定了坚实的基础，极大地提高了承德蔬菜产业的商品属性，扩展了发展的市场空间。

2. 科技对蔬菜产业的贡献率由不足30%跃升到58%以上

露地蔬菜、设施蔬菜快速铺开、后劲十足的股份制园区企业蓬勃发展，成为农民增收的主渠道。特别是蔬菜种植规模稳步扩充，特色高效蔬菜面积比例逐年增加，综合集成科技成效快速放大。截至2021年年底，以设施蔬菜、功能蔬菜为代表的高质高效特色蔬菜种植比例迅速增长，全市蔬菜总播种面积达到98.71万亩，特别是以日光温室为主的设施蔬菜生产规模不断扩大，占地面积达到16.2万亩，全年蔬菜总产量达到360万吨。产业发展正在由单一规模扩张向提质、增产、增效的方向转变。它标志着传统农耕文明创造性转化、创新性发展的新境界。

3.科技引领产业由“井田式”人犁耕作的试验田，跃升到机械化、智能化、全产业链、周年产出的“大菜园”

按照“重点发展设施菜、稳步发展露地菜”的发展思路，全产业链、各种要素配置产生强大内驱力，有力推动蔬菜产业结构性改革，供给侧更加适应市场变化。全市蔬菜优种覆盖率达95%以上，绿色防控等优新技术普及率达99%，工厂集约化育苗能力不断提升，日光温室建造发展到承德市第三代模式，全市蔬菜产业形成了“产区特色鲜明、产品种类丰富、生产四季不闲、周年上市供应”的生产格局。

4.现代科技催生一家一户个体生产跃升到生产标准化、技术集成化、发展园区化、扩张规模化

现代科技能量的极大释放，逐渐补齐短板制约，山区农民舒展科技的翅膀，告别了传统生产方式，标准化生产、规模化种植、集约化经营汇聚成现代农业的主流。大水、大肥、大药的粗放生产方式，转变为绿色发展方式。一大批高新科技成果转化成推动蔬菜产业发展的强大动力。其重点县区、主产乡镇已托起农业产值总量的“半壁江山”。无土栽培、土壤改良、有机质提升、绿色防控、温室育苗等新技术广泛应用，科技基因导入生产实践，特色蔬菜品牌效应更加明显，科学、先进的生产模式转化为农民增收的手段，彰显出科技是第一生产力的强大生命力。

5.科技基因的注入使原始化自种、自收、自销的小农经济，跃升到品牌开路、认证达标、监管并重、现代产业融合发展的大格局

有效助推了产品质量不断提升，绿色发展意识深入人心。蔬菜产业已进入消费主导型的发展新阶段。全市绿色食品认证产品总数达到179个，有机认证产品190个。平泉香菇、平泉滑子菇、围场胡萝

卜、围场马铃薯4个产品认证为“中国农产品地理标识产品”。围场胡萝卜、平泉香菇、隆化草莓被列入“全国乡村特色产品名单”。全市蔬菜质量安全合格率达95%以上，对蔬菜产品的质量安全意识已全面深入到种植、销售、监管、消费等各个环节。在保障农产品质量安全上，推进标准化生产，对农业投入品生产、经营、使用环节进行全方位监管，在设施蔬菜生产基地健全了农产品检验检测机构，农产品质量检测合格率均达到98%以上。

三、构建了典型的山区特色布局

(一)设施蔬菜基地

结合国家、省级现代农业园区建设，按照“四线两片”的布局，即京承、承平、承围、承丰“四线”和宽城中东部、兴隆中南部区域“两片”，“四线”逐步向周边区域扩展和延伸，承平公路向平泉的党坝、榆树林子延伸，承围公路向围场的半截塔、哈里哈延伸，重点推进滦平县、平泉市、承德县、隆化县4县(市)的设施蔬菜基地建设。设施蔬菜基地重点发展瓜类、茄果类、叶菜类蔬菜，着重打造平泉市榆树林子镇黄瓜小镇，建成面向京、津等周边及南方大中城市的精特优质保健蔬菜基地。全面发展第四代节能型日光温室和新型、连栋式塑料大棚，优化棚室建造结构，提高建造水平，加快老旧棚室的改造升级，努力提高棚室的生产能力和抵御自然灾害的能力。新建棚室集中连片建设，提高规模化生产程度。

(二)时差蔬菜基地

露地时差蔬菜面向7—9月份京、津、南方大中城市和韩、日等海外市场，在无公害的基础上提档升级，建设丰宁、围场、隆化叶菜类和根菜类绿色、有机蔬菜产业带，在丰宁坝上、坝下潮河、牤牛河流域和围场伊逊河、猞猁嘎河、乌拉岱河流域及隆化西部乡镇建设以白菜、甘蓝、菜花、西兰花等为主的叶菜类蔬菜基地；在围场阴河、蚁蚂吐河、小滦河流域和隆化北部郭家屯、西阿超、步古沟、韩家店、白虎沟、蓝旗等乡镇建设以胡萝卜为主的根菜类蔬菜基地。

（三）订单蔬菜基地

面向京津以及日、韩、东南亚等市场，依托各类专业合作组织和加工出口龙头企业，采取公司契约、自建基地、“合作社＋农户”、“公司＋合作社＋农户”等运行模式，形成新型的产销结构，大力发展白菜、西兰花、豌豆、菜心、芥蓝、娃娃菜、白萝卜等优势品种，在丰宁黄旗镇、土城子、鱼儿山、大滩，承德县石灰窑、头沟、上板城、六沟，隆化唐三营、张三营、偏坡营、汤头沟、韩麻营，围场张家湾、克勒沟、腰栈，滦平大屯、金沟屯、平泉南五十家子、黄土梁子、道虎沟乡、小寺沟、七沟等地区建立一批订单菜基地。逐步恢复蔬菜良种繁育基地建设，到“十三五”末，全市蔬菜良种繁育基地面积达到4万亩。

（四）近郊蔬菜基地

紧紧围绕城市“菜篮子”工程建设，建设保障市区民生供给的蔬菜生产基地。以市区为中心，在半径40千米范围内建立近郊蔬菜圈，重点分布在承德县孟家院、新杖子、六沟、头沟、石灰窑，双滦区偏桥子、陈栅子，滦平县付营子、大屯、张百湾、长山峪，隆化县中关、韩麻营、隆化镇等地，保障居民“菜篮子”的安全、充足、新鲜、丰富。

四、形成了协调互补的栽培制度

栽培制度应用历史悠久，古人即称“暴地”（闲地），“叠地”（多茬次使用土地）之说。山区特色的蔬菜栽培制度是承德劳动人民自古至今的实践与总结，通过采取间作套种，茬口安排，提高复种指数，轮作倒茬措施，使土壤耕作层合理运用，达到熟化土壤，用地养地，培肥地力，减少土传病虫害，是经实践证实有效浓缩的精华。

(一)播种季节

承德蔬菜栽培有 4 个播种季节，其中春播约占 30%，夏播约占 30%，秋播约占 35%，冬播约占 5%。

露地蔬菜主要以根菜类胡萝卜，叶菜类白菜、甘蓝、菜花为主，一般承德南部 4 月底开始播种，坝下 5 月中旬播种，北部坝上 5 月底播种，6 月下旬开始采收，坝上地区生育期短，只进行一年一茬种植，其他部分地区在头茬蔬菜采收完毕后随即开展二茬种植，至 10 月中旬露地蔬菜采收完毕。

设施蔬菜分为日光温室蔬菜和大中拱棚蔬菜两种模式，其中，越冬温室蔬菜主要以黄瓜、番茄、辣椒、茄子为主，一般 9 月上中旬开始陆续播种，元旦、春节前后为主要生产季节，至翌年 6 月前后拉秧。越夏冷棚蔬菜主要以番茄、茄子、辣椒为主，一般 4 月下旬前后开始播种，6 月下旬至 10 月中旬采收。

(二)主要形式

一年一茬，主要为生育期长的作物或适合在气候冷凉、无霜期短的区域种植的作物。

多年一茬，主要为多年生宿根作物，如韭菜 3～4 年换一茬，草石蚕、菊芋、石刁柏、薄荷等多年生不换茬。

两大茬，早春育苗，4 月下旬至 5 月上旬定植或直播喜温瓜、果、豆类蔬菜，收获后立秋前后播秋菜(大白菜、胡萝卜、萝卜、芥菜、榨菜)，或提前育苗移栽秋芹菜、秋甘蓝、秋菜花等。

一年一茬半，春季至初夏收一茬老根越冬菜，埋头菠菜、小葱、洋角葱等，5 月上旬定植青椒、茄子等生长期长的连秋菜。

一年两茬半，春季到初夏收一茬越冬菜，4 月上旬到 5 月上旬定植番茄、黄瓜、豆角、甘蓝，立秋后种心里美萝卜、秋菠菜、秋香菜、小茴香等生长期较短蔬菜作物或直播越冬菜。

一年三种三收，早春利用风障小拱种植速生小菜，收获后 4 月中旬定植早甘蓝、菜花、小架西红柿、春黄瓜等，收获后于立秋后种植秋白菜、萝卜等秋菜或种植秋菠菜等速生小菜。

一年多熟，利用保护地，采取间作套种，育苗移栽等措施，在春、夏、秋菜之间播速生绿叶菜、夏小菜，秋延后西红柿、青椒、菜花、甘蓝以及冬季保护地栽培芹菜、蒜苗、青葱等。如利用阳畦、朝阳沟早春栽培甘蓝、小茴香，韭根移栽，5 月上旬收获后定植小架西红柿，7 月上旬收完，紧播速生小菜，立秋后播种秋菜，可达到一年四作四收，抓紧安排保护地生产蒜苗、韭黄、芹菜或窖式假植生产芹菜、菜花等，可达到一年五作五收。

（三）间作套种

1. 畦、埂间作

埂：春甘蓝（菜花）—萝卜、芥菜。畦：番茄—大白菜（秋甘蓝）。

埂：番茄（冬瓜）。畦：韭菜。

埂：水萝卜（莴苣）。畦：大蒜（小葱）。

埂：葱头。畦：番茄（黄瓜、架豆）。

2. 大、小畦间作

大畦：水萝卜（莴苣、大蒜）。

小畦：角瓜（西瓜）。

3. 主、副行间作（用于温室）

主行：正常行距栽培黄瓜。

副行：在主行一侧定植一行早熟黄瓜或小菜，收获几条瓜和小菜后，不影响主行。

4. 隔畦间作

一般采用高秧作物与矮秧作物间作，主要是架豆、番茄、黄瓜、长山药等与青椒、菜花、甘蓝、芹菜间作。

5. 垄间套种

在主栽作物正常株行距栽培时，垄间栽种矮秧速生菜。如温室、大棚番茄、黄瓜与芹菜套种，蔬菜与食用菌套作。

(四)轮作换茬

轮作换茬是解决连作障碍、造成地力下降、土传病虫害严重问题的重要措施。菜农积累多年经验，如为防治茄子黄萎病采取5年以上轮换制，改土(客土)。如第一年是瓜类，第二年茄果类，第三年葱蒜类，第四年叶菜类，第五年根菜类，第六年豆类等。一年中上下茬衔接也要有科学性。

(五)种植区域

露地蔬菜方面，大白菜主要种植区域有围场县坝上地区、腰站镇，丰宁县坝上地区、万胜永乡，隆化县唐三营镇，滦平县平坊乡、虎什哈镇等地。菜花主要种植区域有围场县坝上地区、腰站镇，丰宁县坝上地区，宽城县汤道河镇等地。甘蓝主要种植区域有围场县坝上地区、腰站镇、育太和乡，丰宁县坝上地区，滦平县平坊乡、虎什哈镇、付家店乡等地。胡萝卜主要种植区域有围场县新拔、张家湾、山湾子、三义永、宝元栈、姜家店、御道口等乡镇。

设施蔬菜方面，黄瓜、西葫芦等瓜类主要种植区域有承德县头沟镇、石灰窑乡，宽城县汤道河镇、孟子岭乡，隆化县偏坡营乡、中关镇，双滦区偏桥子镇，兴隆县大杖子乡、大水泉乡、半壁山镇，围场县道坝子乡、半截塔镇，滦平县付营子乡、长山峪镇、大屯乡、付家店乡，平泉市榆树林子镇、黄土梁子镇、茅兰沟乡、台头山乡等地。番茄、茄子、椒等茄果类主要种植区域有承德县石灰窑乡、头沟镇、岗子乡，丰宁县凤山镇、波罗诺镇、大阁镇、选将营，宽城县汤道河镇、孟子岭乡，隆化县唐三营镇、张三营镇、汤头沟镇、偏坡营乡、中关镇，兴隆县大杖子乡、李家营乡，围场县郭家湾乡、四合永镇、腰站镇、半截塔镇，滦平县大屯乡、付家店乡，平泉市黄土梁子镇、道虎沟乡等地。

五、擘画了美好未来的实现路径

(一)提出结构清晰的产业发展要求

1.承德蔬菜产业未来发展基本路径

一是建立蔬菜标准化生产体系，提升蔬菜生产水平。大力引进、集成和推广各种蔬菜标准化生产技术体系，大幅度提升蔬菜生产效率和水平。重点是加快技术创新与集成，主要是加快引进筛选适宜承德地区的蔬菜优良品种，集成示范推广优型结构棚室、防虫网、集约化育苗、配方施肥、膜下滴灌水肥一体化、保花保果、病虫害综合防控、轻简化栽培等技术，切实提高生态栽培水平。坚持农村新型社区和蔬菜示范园区两区同创。加快推进蔬菜生产的信息化，建立蔬菜生产田间管理档案，生产者责任档案，蔬菜种植、加工处理、包装及销售信息的数字化编码，蔬菜生育周期的信息化管理，蔬菜质量安全追溯体系，实现蔬菜产品产销的可追溯。

2.健全蔬菜产业质量监管体系，提升产品安全水平

建立依法严管、全程监控体系，实现“从田头到餐桌”可追溯，切实做到“产出来”和“管出来”两手抓、两手硬。建立完善的蔬菜生产投入品管控机制，建立农业执法与食药监部门无缝对接管控体系，建

立完善的蔬菜生产投入品管控法律法规，构建完整的蔬菜生产、流通、加工、消费全程监管链。建立完善的蔬菜质检体系，完善市级质检机构，建立蔬菜质检规程，开展定量检测，加大抽检频次，扩大抽检覆盖面。

3. 扶持多种蔬菜产业发展模式，推动蔬菜产业化发展

生产经营主体多元化，构建新型蔬菜产业经营体系，鼓励发展专业大户、入股合作、家庭农场等多种形式的农业组织，创新经营模式，大力发展联合合作，通过规范运行，实现集群发展、规模经营。销售模式多元化，鼓励本地龙头企业、专业合作组织"走出去"积极发展直营销售，扩大产销对接，激励经营主体在京、津等重要消费市场建立直销配送网络；政策引导，引进京、津企业到承德建立产品供应基地和初加工基地，推动跨区域产业链的形成；组建承德市蔬菜产销联盟，吸收各类蔬菜经营主体加盟；继续抓好批发销售，建设现代化产地批发市场和现代化冷链物流体系。产业类型多元化，突破束缚，发展多元化的现代蔬菜产业类型，在传统蔬菜生产类型的基础上，以生态环境、科技教育、旅游观光、休闲保健为主题，深度开发"生态采摘""科技教育""休闲体验""园田认领"等新形式的现代乡村蔬菜产业类型，重点打造现代功能蔬菜小镇和功能蔬菜基地，提升蔬菜产业的附加值。加强品牌建设，培育区域特色的蔬菜品牌，注册并全力打造 1～2 个承德市蔬菜集体商标，不断提升蔬菜产品的附加值和知名度。鼓励龙头企业同步推进优质农产品销售与品牌营销，加大蔬菜产品品牌的宣传推介力度，扩大承德蔬菜产品品牌知名度和影响力。

4. 创新蔬菜产业发展方式，增强产业智慧化程度

加快新兴互联网、移动互联网、云计算和物联网等技术在蔬菜产业发展中的应用，促进"智慧蔬菜"产业的形成与发展；加快蔬菜生产

机械化技术体系的应用与推广，促进轻简化蔬菜生产模式的形成与发展；要大幅度推进现代蔬菜产业发展的进程。蔬菜生产轻简化，开发和引进蔬菜田间管理机具和机械，提高机械化管理水平，降低劳动强度，降低用工成本。蔬菜生产智能化，推动设施蔬菜应用“互联网＋”，提高设施内环境指标自动化检测和调控能力，实现设施蔬菜的标准化、信息化、自动化、精准化管理。大力发展电子商务，支持电商、物流、商贸、金融等企业参与涉农电子商务平台建设，组织具有地方特色的“两品一标”蔬菜产品入驻，开展网上销售。探讨与电商合作，加入其鲜活农产品配送体系。建立健全适应农村电子商务发展需要的支撑服务体系，逐步扩大承德农村电子商务服务范围。发展大宗蔬菜产品企业对企业网上交易，推进龙头企业、合作社通过电子商务平台与采购商对接。瞄准北京高端产品消费人群，发展有机蔬菜产品私人和集团定制。形成线上线下体验、线上线下相结合的营销模式。大数据在蔬菜产业中的应用，抓住大数据产业园项目落地承德的机遇，组建承德市蔬菜产业大数据中心，实现土肥、植保、气象、测绘、农情监测、行业数据等共享，推行市场行情、种植技术指导等“一站式”服务模式。

5.加强蔬菜产业服务水平，提升产业发展保障能力

专业大户、家庭农场、专业合作组织等新型农业经营主体。新型农业经营主体最重要、最核心的是人，农民是新型农业经营体系中的核心主体，加快建设现代农业，要求全面提高劳动者素质，切实转变农业发展方式。今后中国农业的从业主体，从组织形态看就是龙头企业、家庭农场、合作社等，从个体形态看就是新型职业农民。因此，培育新型职业农民就是培育各类新型经营主体的基本构成单元，对于加快构建集约化、专业化、组织化、社会化相结合的新型农业经营体系，将发挥重要的主体性、基础性作用。“小康不小康，关键看老

乡”,老乡们虽然达到小康生活,但根本上还是要赋予老乡保持小康的能力,培育老乡成为新型职业农民。习近平总书记指出,中国要富,农民必须富;要富裕农民、提高农民、扶持农民。2012 年中央 1 号文件首次提出要大力培育新型职业农民,开启了中等职业教育向成年务农农民开放的教育新时代,加快农民走向职业化进程。技能培训和职业教育并重,从观念、理念、道德、技术、能力等方面全方位提升农民素质,让农民会种地,让务农更职业。为全面推进乡村振兴夯实产业基础。

(二)谋求坚实有力的综合保障措施

1. 加强组织领导

一是加强政府领导。充分发挥政府的主导作用,对蔬菜产业发展做到精心谋划、精细实施。市政府对县区政府、县区政府对乡镇政府层层细化分解任务,形成一级抓一级、层层抓落实的工作局面。二是强化督导考核。加大对设施蔬菜产业发展工作的考核力度,市级对各地蔬菜园区、提质增效、产销衔接等情况进行常态化的督导检查。

2. 加大扶持力度

建立多元化、多渠道、多层次的投入机制保障蔬菜产业发展。一是保证财政投入。市财政每年安排预算内资金,一方面用于支持蔬菜产业链产前、产中、产后各个节点;另一方面兼顾各类经营主体。二是整合涉农资金投入。整合发改、国土、水务、林业、农业开发、扶贫、科技、农牧等部门涉农资金用于推动蔬菜产业发展。

3. 引导社会资金投入

建立政府投资为引导、农民、企业和科研单位投资为主体的多元投入机制,吸引社会资金参与蔬菜生产、流通。增加信贷资金投入。

积极协调银行、信用社出台融资机制，保险机构出台农业保险，各县区建立健全政府出资的涉农政策性担保机构，为蔬菜产业发展提供启动资金，降低农民投资风险，保障菜农的基本利益。

4. 强化科技服务

依托现代蔬菜园区、新型农业经营主体、技术创新团队、“互联网＋”等创业主体和服务平台，探索新型示范推广模式。大力强化科技队伍建设。加大对科技人员的招聘和培养，落实和兑现科技人员职称待遇，切实解决科技短缺和人才匮乏的现实问题。健全基层服务体系，蔬菜产业重点区域基层服务站必须配备一名蔬菜专业技术人员。广泛开展技术服务，改善推广手段，通过集中培训、下乡巡回指导、网络视频服务、电话咨询等多种方式为农民提供全程技术服务，推动放心农资进村入户，提高农民的标准化生产水平。

5. 广泛宣传发动

利用各类新闻媒介加大宣传报道力度，大力宣传本地蔬菜产业发展政策，注意培养和发现先进典型及成功案例，充分调动各级领导干部、专业技术人员和广大农民群众从事蔬菜生产的积极性，创造良好的社会氛围。面向京、津市场举办各种大型展销活动，大力宣传承德的特色和知名蔬菜品牌，提高承德蔬菜产品在京、津市场的知名度。

附　录

一、深受欢迎的特优蔬菜产品

（一）围场胡萝卜

据传说，在清末皇家猎场内有一位叫赵忠的农夫开始种植胡萝卜。嘉庆年间（1760—1820 年），一日御厨煮羊排时在锅里放了几块胡萝卜，嘉庆食后感觉色鲜味佳，之后逢煮肉必有胡萝卜。于是，胡萝卜的种植和食用在民间广为流传。围场胡萝卜采用三红良种，采收产品具有典型的外在特征，其形似人参，根长 18～22 厘米，单根重 150～300 克，整齐一致，皮、肉、心均呈橘红色，表面靓丽，口感香甜。围场胡萝卜生长在气候冷凉的坝上及周边黑土地上，使其不仅具有良好的口感，同时也具有丰富的营养，经检测，和普通胡萝卜相比，围场胡萝卜中的蛋白质、维生素 C、β-胡萝卜素、天冬氨酸、苏氨酸、丝氨酸、脯氨酸、甘氨酸、丙氨酸、异亮氨酸、亮氨酸、酪氨酸、苯丙氨酸、赖氨酸、组氨酸、精氨酸、氨基酸总量均高于普通胡萝卜。2005 年，围场二道河子牌胡萝卜获第九届中国（廊坊）农产品交易会暨中国国际农业博览会名优农产品。2011 年，中华人民共和国农业部批准对“围场胡萝卜”实施农产品地理标志登记保护。

(二)平泉香菇

平泉香菇外表含水量低，菇香味浓；菌盖表面呈灰白色至浅褐色，花纹明显或表面光滑，菇质紧实，菇盖厚，柄短，不易开伞，保鲜期长；平泉香菇干品用清水做浸泡试验，吸水膨胀后，香菇变软又保持较好的韧性，水质清澈，菇体不破碎、不黏糊。经检测，平泉香菇中的谷氨酸、氨基酸总量、蛋白质、粗纤维、磷明显高于普通香菇；天冬氨酸等15种氨基酸、维生素B_1、维生素B_2、铁均高于普通香菇。平泉香菇生产主要以架式香菇和地栽香菇两种模式进行，一般在3—4月播种，9—11月和次年的4—6月收获，或者在9—10月播种，翌年4—10月收获。2010年，中华人民共和国农业部批准对“平泉香菇”实施农产品地理标志登记保护。“平泉香菇”入选中国农业品牌目录2019农产品区域公用品牌。

(三)平泉滑子菇

平泉滑子菇子实体组织致密、个体较大，菇形圆整、颜色黄白，黏液层薄、不易开伞，菇柄较长，少有鳞片，具有特殊的清香味。平泉滑子菇不仅口感好，而且营养丰富。检测结果表明，与普通滑子菇比较，平泉滑子菇中的天冬氨酸、亮氨酸、丙氨酸、氨基酸总量、蛋白质、维生素B_2含量均明显高于普通滑子菇；苏氨酸、丝氨酸、脯氨酸、蛋氨酸、甘氨酸、胱氨酸、缬氨酸、异亮氨酸、酪氨酸、苯丙氨酸、赖氨酸、组氨酸、精氨酸、脂肪、磷均高于普通滑子菇。平泉滑子菇生产主要以架式立体出菇和地摆式出菇两种栽培模式进行，一般正季栽培在2—3月播种，8—10月出菇；反季栽培选择在10月下旬至11月下旬播种，翌年4—11月出菇。2012年，中华人民共和国农业部批准对“平泉滑子菇”实施农产品地理标志登记保护。

(四)平泉黄瓜

平泉黄瓜,瓜色深绿有光泽、瓜肉淡绿色、质脆味甜,深受国内外用户好评。栽培品种主要是密刺类黄瓜,选择品种主要是科润黄瓜研究所的津优系列品种、天津绿丰公司绿丰系列品种、德瑞特公司的中荷系列品种,供应期为每年的11月至翌年7月,每个供货周期供应时间达到9个月。目前"平泉黄瓜"已形成单品优势,2019年通过国家商标局地理标志认证。一般情况下,平泉黄瓜市场价格都会高出同期同类产品每公斤0.6～1.0元。其中,榆树林子果蔬批发市场已成为全国最大的黄瓜交易市场,年交易量达80万吨,交易额25亿元,成为全国冬季黄瓜价格形成中心。产品市场销路广,除直供京津及销往全国29省(区、市)外,还以边贸形式出口到俄罗斯、哈萨克斯坦、吉尔吉斯斯坦等"一带一路"沿线国家。

(五)围场钢葱

钢葱的主要产地是日本,其对生长环境的要求较为苛刻,2019年引入围场满族蒙古族自治县,作为与胡萝卜、马铃薯的倒茬品种,开始大面积种植,每年6月移栽定植,8月采收上市,产品销往山东、天津等地。围场钢葱不同于普通大葱,具有葱白长、杆瓷实、甜而脆、辣味足、口感好等特点。同时,围场钢葱卖相好、耐储运,受到市场的高度认可,较普通大葱和铁杆大葱效益更好。

(六)隆化越夏番茄

隆化越夏番茄具有"隆化'柿'真好"的美誉,每年7—10月上市,产品以其果色粉红、近圆球形、脐小、果面光滑、味酸甜适度、果肉厚、肉质又面又沙、生食味淡、品质极佳享誉京津冀。隆化越夏番茄主要产品为鲜食番茄和加工型番茄。2015年注册"隆化越夏番茄"区域品牌,同时注册了"彤丽园""伊水禾园""四十家子"等商标8个,产品销往京、津地区各大批发市场及超市。

（七）丰宁有机蔬菜

丰宁有机蔬菜种植面积约 5 000 亩，有机蔬菜年产量达到 1 万多吨，主要有马铃薯、葱头、胡萝卜、西生菜等蔬菜品种，通过与深圳茂雄果蔬进出口公司、湖北楚子园农业发展有限公司、北京沱沱工社生态农业发展有限公司、北京天安农业发展有限公司、云南成武金石、江苏一号农场、江苏上膳源生态农业发展有限公司、云南云岭鲜生农业发展有限公司、上海曹野农业发展有限公司等 10 多家客商建立长期的合作关系，蔬菜产品销售到北京、上海、广州、大连等 10 多个国内城市，同时产品出口到东南亚、韩国等 10 多个国家和地区，国内外销售渠道畅通。2022 年丰宁有机蔬菜摆到了北京冬奥会和冬残奥会的餐桌上。

（八）丰宁麒麟西瓜

丰宁麒麟瓜采用了中国农科院优良品种，从种下到收瓜需 60 天左右，生育期短，具有外形美观、皮薄糖度高等特点，被冠以“西瓜之王”的美誉，不同于其他西瓜，麒麟瓜口感更加清脆，味道更甜，入口即化。注册有“丰品”商标，丰品的寓意是，丰宁最高品质的麒麟瓜。每年 7—9 月，全国各地知名企业、瓜商集中到丰宁采购，其中一线品牌，哈根达斯、百果园、百宝源、一公里等果蔬商，均从丰宁采购对外批发，现阶段丰宁麒麟瓜品类市场认知度高，需求量大，每年都在递增。

（九）隆化草莓

隆化县位于北纬 41°，这一纬度是草莓最佳生产带。该县鲜果草莓总产量 8 000 吨，优质草莓种苗 3 000 万株，产业年产值 1.6 亿元，生产出的草莓果实柔软，肉质细，汁多，味香甜，品质优，被列入全国乡村特色产品名单。

(十)双滦草莓

来到滦河北岸、莲花山下，一股草莓的甜香便扑鼻而来，田垄间一粒粒鲜红的草莓让人垂涎欲滴。红颜、章吉、圣诞红等大众熟悉的草莓品种遍布垄上，白色恋人、桃公主、粉玉、煌香、枥乙女等高端草莓品种争芳斗艳。生产中采用测土配方、精量水肥、蜜蜂授粉等科学种植技术，使得双滦草莓果实端正、个大饱满、口感香甜、回味无穷，双滦草莓也因其果实柔嫩汁多、芳香味浓，深受消费者的认可，产品销往京、津及周边地区果蔬精品市场。

二、朝气蓬勃的蔬菜龙头企业

(一)丰宁昌达农业开发有限公司

昌达农业从2009年开始从事有机蔬菜种植产业，经过12年的发展，截至2020年，有机蔬菜基地发展到4个乡镇7个行政村，种植面积5 538亩，其中：露地有机蔬菜种植面积5 287亩(包括鱼儿山镇土城沟村、乔家营村5 000亩，凤山镇铁营村287亩)；日光温室蔬菜大棚234栋(包括经济开发区樱桃沟村162栋，凤山镇沙锦营村52栋，五道营乡九道沟村20栋)；大阁镇撒袋沟门村蔬菜育苗基地7 200平方米。蔬菜种植品种有西兰花、白散花、甘蓝、大白菜、娃娃菜、白萝卜、番茄、胡萝卜、洋葱头、马铃薯、西芹、茼蒿、菠菜等40多种，有机蔬菜年产量达到1.5吨。现有蔬菜保鲜库5 000平方米，蔬菜加工车间2 600平方米，种植及加工设备45台套。企业资质包括有机产品认证证书、产品出口备案证、“妻喜”牌商标等，产品于2018年5月被河北省评为知名品牌。产品销售方式为订单销售，公司与深圳茂雄果蔬进出口公司、芸岭生鲜、北京沱沱工社生态农业发展有限公司、北京天安农业发展有限公司、云南成武金石等10多家客商建立长期的合作关系，蔬菜产品销售到北京、上海、广州、深圳、大连等10多个国内城市，同时产品出口到东南亚、韩国等10多个国家和地区，国内外销售渠道畅通。作为北京冬奥会和冬残奥会餐饮原材料供应基地，自2022年1月25日起，昌达有机蔬菜基地已经向张家口赛区输送两次有机蔬菜。积极参与产业扶贫，促进乡村振兴，昌达公司通过采用“公司＋基地＋农户＋专业合作社”的经营模式，于2006年最早牵头成立了绿原蔬菜专业合作社，每年向入社成员签发订单蔬菜2 000多亩，获得市政府“市级优秀专业合作社示范社”称号，公司通过向农户统一发放蔬菜订单、统一供应种苗和农资，统一技术培训，统一回收产品，统一产品销售，统一结算货款的方式，带动267户从事蔬菜生产，蔬菜种植面积达到6 000亩，成为土城沟村增收致富的主导产业，2017年该村被农业评为全国第七批“一村一品”示范村镇。2013年企业将有机蔬菜种植基地扩展到在凤山镇铁营村，在该村租地287亩种植西兰花和散花，经过几年的发展，带动凤山镇和波罗诺镇4个村8户发展西兰花和散花种植，种植户年增收3万元以上。2017—2018年公司吸纳全县16个乡镇40多个村建档立卡贫困户2 638户入股，入股资金达1 319万元，年为建档立卡贫困户分红10%，年分红131.9万元，两年共计分红263.8万元。同时。企业通过种植基地、加工、装卸、运输等年安置当地农村剩余劳动力280人，每年在基地务工5.5个月，每人每月工资按3 000元月计算，工资收入462万元。

（二）宽城金杖子蔬菜专业合作社

宽城金杖子蔬菜专业合作社成立于2010年4月，经营各类蔬菜产品，注册有“归心”牌商标。合作社周边没有任何厂矿，无污染，有2 000平方米育苗中心、2 600立方米冷库、500平方米加工车间、

300 平方米烤干车间以及播种机、浇水机、冷藏车等设施设备，专用水电路。合作社现有设施菜 528 亩，露地菜 1 100 亩，年产蔬菜 2 000 吨以上，历年来无任何质量问题。每年蔬菜生产时间为 3 月播种，4 月定植，6 月采收第一茬菜花；7 月播种，8 月定植，10 月初采收第二茬菜花；10 月上旬播种返季黄瓜、番茄等，11 月中旬定植，12 月下旬开始采收返季黄瓜、西红柿等。合作社严把质量关，确保消费者安全放心的蔬菜产品供应，2011 年 6 月合作社产品被认定为绿色食品 A 级产品。从开始入社 53 人到现在入社 156 人，各户都成了种菜产业的行家里手，年收入 5 万～15 万元的不少于 60%，为脱贫攻坚和乡村振兴起到了“领头羊”的作用。监事长金秀贵本人也先后荣获全省创先争优优秀共产党员、全省农村青年拔尖人才、全省“百姓喜爱的好官”、全省优秀党务工作者、全省山区创业个人突出贡献奖、承德市劳动模范等荣誉称号。2014 年宽城金杖子蔬菜合作社被河北省评为省级优秀示范社，2021 年 4 月被河北省委评为“脱贫攻坚先进集体”荣誉称号。2021 年 11 月被河北省农业农村厅命名为“河北省一村一品示范村”。

(三)围场满族蒙古族自治县边墙合作社

边墙蔬菜种植专业合作社，位于围场县城东北部 18 千米处。合作社在上级党委政府及有关部门的大力支持下，近几年得到了迅速发展。合作社按照“支部＋合作社＋园区＋农户＋贫困户”的模式建设。以“四统一分”形式进行管理(即统一租地、统一建设冷棚、统一种植技术管理、统一进行销售、冷棚分户经营管理)。冷棚分户经营管理，销售收入全部归经营户所有。合作社不向社员收取任何费用。合作社只是客户来收购西红柿时，为客户提供水、电及住宿，收购每千克西红柿收取 0.025 元的服务费，作为日常合作社管理人员及技术人员管理费用。合作社免费为社员提供供水主管道及用电路维修，社员只管放心种植。合作社以种植冷棚西红柿为主，真正形成了现在的一村一品产业。边墙合作社的西红柿种植产业，2021 年被河北省农业农村厅评为河北省农村产业融合一村一品十大典型案例。2021 年合作社已覆盖 5 个乡镇 17 个行政村，冷棚占地面积达到 2 200 亩，冷棚 1 825 个，合作社社员达到 501 户，1 356 人，产值达到了 2 600 多万元。合作社社员户均增收 5 万多元。2022 年，经过冬春两季建设，冷棚占地面积已达 3 100 多亩，社员 602 户。按秋季市场每千克 0.5 元计算，产值可达 3 500 万元，户均增收 5.5 万元。

(四)平泉市益农科技育苗有限公司

平泉市益农科技育苗有限公司是全市唯一一家集蔬菜新品种选育、新品种试验推广、蔬菜种苗培育于一体的综合型功能企业，占地面积 550 亩，总投资 1.18 亿元，年育苗能力达 1.4 亿株，可供 2.5 万个蔬菜温室大棚用苗，解决当地 200 余人就业问题，产业提供就业岗位、年底利润分红、企业一对一帮扶等方式直接带动 68 户贫困户，随着企业稳健发展，如今年收入达 4 000 多万元。2016 年，公司的现代化育苗技术，分别参加了承德市、河北省、国家举办的青年创新创业大赛，并在“中国创翼”青年创业创新大赛农民工专项赛全国总决赛上企业组获得一等奖。2017 年受省人社厅邀请参加“2017 年全国大众创业万众创新活动周”，获得了“最具人气奖”和“优秀项目奖”，并与许勤省长深刻交流，获得了省领导的赞许。又接到人社部关于参加全国十九大成果展的邀请函。2017 年 3 月，益农科技育苗有限公司被确定为平泉市设施菜返乡创业园，并设立了创业指导办公室。2017 年 11 月，平泉市设施菜返乡创业孵化园成功申报为省级设施菜创业孵化基地。通过孵化基地带动贫困户 4 户，一年时间完成脱贫，年收入 8 万元。2017 年年底，建立沈阳农业大学院士工作站科研推广基地，并与天津科润黄瓜研究所开始合作，推进北方设施黄瓜的新品种种植。2019 年，平泉市益农科技育苗有限公司积极加强同中国农业科学院蔬菜花卉研究所、天津科润黄瓜研究所、河北省农林科学院、河北农业大学、沈阳农业大学等省内外科研院所及大专院校之间的联系，在种业发展、育苗基质配方研究、新品种选育与示范推广、病虫害绿色防控等先进技术应用与成果转化等方面开展技术合作。并在 2020 年，成功申报省级农业产业化龙头企业。2021 年 3 月，在市科技局的引领下与中国农业科学院 ABT 研究开发中心和北京中盛锐科生态技术研究院合作建设政企学研用协同创新融合发展联合体，为深入贯彻落实创新驱动发展战略、乡村振兴战略，解决农业“农业产业转型难、协同创新跨界难、社会资本资源进入难”等难题。2021 年 4 月，与河北省军粮集团签署净菜供应协议，根据供应需求我公司今年新建高质量农业服务主体净菜加工项目，项目总投资为 2 亿元，2021 年预计投资 4 900 万元，占地面积 1 000 亩。项目建成后，年产可实现产值 5 000 万元，年产净菜系列产品 60 000 吨，年均销售收入为 4 300 万元，年均利润总额 1 200 万元。净菜加工一定程度上将改变我市蔬菜从采后直接进入流通领域的传统供应模式，实现蔬菜的产地集中加工、分散供应的现代流通模式，是我市蔬菜产业发展的重要机遇，保证我市“菜篮子”工程的高质量发展。

（五）承德超凡种植专业合作社

承德超凡种植专业合作社成立于 2015 年，注册资金 5 000 万元，截至 2020 年合作社共流转土地 10 100 亩，涉及农户 2 226 户，每年发放租金 1 000 多万元，其中贫困户 227 户，696.514 亩，每年发放租金 73 万元，户均增收 3 319 元。核心区 1 000 亩冷棚主要种植无籽麒麟西瓜，每年两茬亩产近 5 000 千克，年产值 1 000 万元。主要销往北京、上海等一线城市。其他区域种植中草药 6 000 亩，万寿菊种植 3 000 亩，其他经济作物 100 亩。合作社坚持以农民为主体，服务与经营并举，多项资金并用，天津对口帮扶资金、贫困户股金、扶贫资金、合伙人出资现金“四金齐聚”带动了合作社的壮大和区域经济的繁荣。合作社推出免费提供棚舍、种苗、水电、技术指导，最后以保护价进行回收的“四供一保”新模式，使承包瓜棚的农户实现了经营零风险和收益最大化。2020 年，30 个承包户的收入达到了 200 万元，其中 12 户贫困户年收入共 60 万元，户均增收 5 万元。超凡合作社解决全乡劳动力 500 余人，其中贫困人口 159 人，支付薪金 81 万元，平均每人每年增加收入 6 000 元。承德超凡种植专业合作社通过入股分红、资产收益等形式共带动全乡 62% 的贫困户脱贫增收每年获得红金或收益 23 万元，户均增收 1 023 元，每年增加村集体收入 7 万元，蹚出了富民强村的新路径，实现了百姓、村集体和合作社的互利共赢，让“合作社+”成为百姓增收致富、农业农村发展的源头活水。

(六)滦平新硕农业发展有限公司

滦平新硕农业发展有限公司位于滦平县大屯乡兴洲村，是集育苗、新品种、新技术试验示范、冷链物流等于一体的现代化农业生态园。2021 年 4 月已被认定为河北省省级龙头企业。园区占地面积 1 315.4 亩，目前已建成高标准日光温室 249 栋，冷棚 30 栋，智能化育苗工厂 9 331.2 平方米，生态鱼塘 65 亩，晾晒储存库房 6 048 平方米，冷库 1 150 平方米，包装车间 650 平方米，药品种子储存库 1 014 平方米。公司注册了“一番炸”商标，蔬菜生产严格按照国家绿色生产标准，所产的绿色蔬菜水果等农产品品质、口感、安全性都得到广大消费者的广泛认可。年产绿色蔬菜 1 500 吨，年产值 3 000 余万元，现有7个蔬菜品种已认证为绿色食品，产品销售逐步走向京、津等高端客户。公司目前与北京等一线城市大型连锁超市建立了长期的供销关系，与广大绿色蔬菜采购商进行销售合作，实现农超对接、农餐对接、农企对接的销售模式。

公司在发展自身的同时，不忘尽一个企业的社会责任和义务，主动回报社会，积极探索带贫模式，带动贫困户持续稳定增收。一是土地流转，公司流转500余农户土地，其中建档立卡贫困户196户，656名贫困人口，每年实现足不出户领租金，每户增收1万元左右；二是解决就业，我园区现有119名员工，其中为当地64名建档立卡贫困户，年获得工资收入3万元以上。同时，每年需要临时雇用劳动力500余名，间接带动200余户发展运输业及其他服务业，户均增收1万元以上。2020年，公司申请了东西部扶贫协作京冀对口帮扶项目，建成高标准日光温室32栋，冷棚30栋，这个项目建成吸纳了建档立卡贫困人口55人就业，受益贫困村达到4个，受益贫困人口达624人。

公司将秉承绿色理念，深植蔬菜的中高端市场，以减少化肥、农药使用量、保护种植区生态环境、维护农产品安全为目标，全力打造绿色农产品品牌，将园区的绿色蔬菜产品销往京、津、冀等地，在为园区创造经济效益的同时也取得更大的社会效益。

（七）隆化县耀翔种养殖有限责任公司

由返乡创业大学生白颖于2009年3月成立，公司主要产品为日光温室四季蔬菜种植、收售等。该公司设施蔬菜基地占地350亩，现已建成高标准日光温室77栋，高端物联网冷棚34栋，占地1 000多平方米的仓库区域。到目前年可生产有机绿色蔬菜（番茄、黄瓜、豆角、茄子、椒类、叶菜类等）约2 200吨。年产值约780万元，年可安排160余人就业。公司坚持以“优质、健康”的生产理念，以“公司＋基地

＋农户＋市场”的模式，建立了完善的管理体系。公司通过跟其他种植基地以及农民种植户合作，通过品种统一选调，投入品统一使用，统一技术支持，管理模式统一的“四统一”原则。将生产出来的产品统一包装，统一销售。公司严格按照国家通行的农产品质量安全承诺书的标准，控制生产技术，提高产品质量。投入品使用做到统一采购、统一保存、统一施用的管理模式，严格遵守农产品质量检测标准。公司生产的产品均已获得国家相关证书，符合国家标准，在本县同行业中占有一定的地位，自投放市场以来，深受用户的好评。企业在2015年获得隆化县诚信示范单位、隆化县优秀先进企业、承德市先进示范合作社；2016年获得隆化县优秀先进企业、承德市巾帼创新创业示范基地；2017年获得隆化县脱贫攻坚先进企业、承德市扶贫龙头企业等荣誉称号；在2017年企业自主申请的商标“彤丽园”获得河北省优质产品荣誉。以上荣誉的获得，使企业所生产的产品在行业市场内占有较高的地位，并与北京、上海、唐山等地的多家大型超市、蔬菜市场、冷链物流建立良好的合作关系，近3年年均可销售蔬菜2 200余吨。隆化县耀翔种养殖有限责任公司位于隆化县偏坡营乡靠山营村，隆化县是国家级贫困县，而且又是一个山区县，剩余劳动力较多，土地种植面积广阔，因此，隆化县耀翔种养殖有限责任公司通过流转土地、劳动用工、投入品采购等方式带动了全乡近400户贫困户，帮助农民增加收入，具有良好的社会效益。隆化县耀翔种养殖有限责任公司主要是日光温室设施蔬菜收售经营，符合国家宏观经济政策、行业与产业发展政策和区域发展政策，所以企业发展前景较好。企业在这种高效的管理模式下，又增加智慧农业，将互联网与农业相结合，形成“互联网＋”的现代化农业、智慧农业，利用互联网等现代化技术手段让农业经营者便捷灵活地掌握天气变化数据、农作物生长数据等，准确判断农作物是否该施肥、浇水或打药，避免了因自然因素造成的产量下降，提高了农业生产对自然环境风险的应对能力；通过智能设施合理安排用工用时用地，减少劳动和土地使用成本，促进农业生产组织化，提高劳动生产效率，在行业中形成强有力的竞争力，使企业在行业中蓬勃发展。

（八）兴隆县宏丹农产品有限公司

兴隆县宏丹农产品有限公司成立于2016年7月，法人张艳洪，注册资金500万元。企业采用"公司＋合作社＋家庭农场＋超市（农贸市场）"的模式开展经营，是一家集食用菌、蔬菜种植、收储、初加工、分拣、包装、冷链运输及销售为一体的农业生产、销售、流通企业。目前，公司总资产在1 586.32万元，固定资产在687.58万元，年销售额达到4 300多万元。成功注册了"承赤兴"商标，香菇产品获得"绿色食品"认证。通过对原有的食用菌养殖场、蔬菜生产家庭农场进行整合和扩建，投资700万元建成两个食用菌、蔬菜生产基地、4个直销销售门店，实现跨区域联合良性滚动发展。公司有2个食用菌、蔬菜生产、加工基地，其中，蓝旗营镇古石村食用菌、蔬菜生产加工基地60亩，有食用菌发菌大棚16栋，食用菌出菇大棚10栋，蒜苗栽培棚21栋，年栽培食用菌50万棒，生产食用菌500吨，生产蒜苗等蔬菜300余吨。冷库6座，1 500立方米，初加工场地1 000平方米；三道河乡鸠峪村食用菌生产加工基地10余亩，建温室大棚4栋，预冷库4座，1 800立方米，初加工棚室1 700平方米，主要用于食用菌生产及收购、初加工、包装、储藏，每年生产食用菌15万棒，初加工1 000余吨。公司采取订单生产，统一销售，在承德市果菜批发市场建有直销门店，长期租用市场的库房2个，计200平方米，销售场地2处计250平方米，住房1套，市场内自建冷库3个、500立方米，购置箱式保温车3辆，用于公司产品的销售，公司在该批发市场年销售额为1 300

余万元。在承德市冷链物流产业园建有直营店，自建冷库 2 个，600 立方米，有厢式保温车 1 辆，年销售额为 800 万元。在内蒙古赤峰市雨润农产品批发市场建立产品销售门店，长期租用市场的收货棚室 150 平方米，建有 160 立方米冷库 1 个，160 立方米保温库 1 个，销售场地 60 平方米，购置箱式保温车 1 辆，公司在此年销售额为 1 000 万元。公司还与多个超市集团对接，年销售额达到 1 200 万元。另外，公司在山东临沂茂华国际农产品批发市场设立营业部，终端销售冷库等基础设施已完成，已经具备运营条件，将以此为中心，辐射周边南京、徐州等大中城市的产品销售，还能将中南地区的产地农产品返运至北方的市场进行销售，形成环形经济。

参 考 文 献

[1] 中国农业科学院蔬菜花卉研究所. 中国蔬菜栽培学[M]. 2 版. 北京:中国农业出版社，2009.

[2] 中国农业科学院蔬菜花卉研究所. 中国蔬菜品种志[M]. 北京:中国农业科学技术出版社，2001.

[3] 中国农业百科全书蔬菜卷编辑委员会. 中国农业百科全书·蔬菜卷[M]. 北京:中国农业出版社,1990.

[4] 徐寒. 中国历史百科全书·农业与科技卷[M]. 吉林:吉林大学出版社,2004.

[5] 朱德蔚,王德槟,李锡香. 中国作物及其野生近缘植物·蔬菜作物卷[M]. 北京:中国农业出版社，2008.

[6] 张揖. 摛藻堂四库全书荟要·经部广雅卷[M]. 台湾:世界书局,1985.

[7] 嵇含. 钦定四库全书·史部·南方草木状[M]. 台湾:世界书局,1985.

[8] 贾思勰. 摛藻堂四库全书荟要·子部齐民要术卷[M]. 台湾:世界书局,1985.

[9] 湖北省博物馆. 黄金草原中国古代北方游牧民族文物[M]. 北京:文物出版社，2013.

[10] 王玉宏,李兵,张天也. 山区特色种植业[M]. 石家庄:河北科学技术出版社,2017.

[11] 王玉宏,董立新,胡朝兴,等. 无公害蔬菜生产技术及高产高效种植模式[M]. 北京:中国农业出版社,2013.

[12] 李根蟠. 中国古代农业[M]. 北京:商务印书馆,1998.

[13] 王秀梅. 中华经典藏书诗经[M]. 北京:中华书局,2006.

[14] 汪兴汉. 蔬菜设施栽培技术[M]. 北京:中国农业出版社,2004.